超有趣的黏土童话书

（视频教学版）

巧手姐姐　编著

人民邮电出版社

北京

图书在版编目（CIP）数据

超有趣的黏土童话书：视频教学版 / 巧手姐姐编著
. -- 北京：人民邮电出版社，2019.10
ISBN 978-7-115-51793-7

Ⅰ．①超… Ⅱ．①巧… Ⅲ．①粘土－手工艺品－制作
Ⅳ．①TS973.5

中国版本图书馆CIP数据核字(2019)第180174号

内 容 提 要

继《超有趣的黏土魔法书（视频教学版）》之后，巧手姐姐的又一力作《超有趣的黏土童话书（视频教学版）》与大家见面了，让我们一起跟随巧手姐姐用黏土创造童话世界吧！

本书一共 6 章。第 1、2 章是基础知识章节，第 1 章介绍黏土手工使用的材料和工具，第 2 章讲解了黏土手工的基础技法，并且通过 10 个简单可爱的入门案例让大家熟练手法。第 3 到 6 章讲解了四组有趣的黏土童话小作品的制作：小红帽智斗狼外婆、白雪公主的森林奇遇、小美人鱼的浪漫海洋以及灰姑娘的舞会；这里面共有 22 个案例，包括小物、植物、动物和 Q 萌人物；不但详细讲解了单品制作，也展示了将单品组合搭建出既可爱又具有故事性的小场景的过程。通过本书的学习，相信你也能创造出黏土童话世界。

这本书不仅适合喜欢黏土的小伙伴，还适合所有拥有童话梦的朋友们。

◆ 编　著　巧手姐姐
　　责任编辑　王雅倩　陈　晨
　　责任印制　陈　犇
◆ 人民邮电出版社出版发行　　北京市丰台区成寿寺路 11 号
　　邮编 100164　电子邮件 315@ptpress.com.cn
　　网址 http://www.ptpress.com.cn
　　北京九州迅驰传媒文化有限公司印刷
◆ 开本：787×1092　1/16
　　印张：10.5　　　　　　　　　2019 年 10 月第 1 版
　　字数：242 千字　　　　　　　2024 年 11 月北京第 13 次印刷

定价：59.80 元
读者服务热线：(010)81055296　印装质量热线：(010)81055316
反盗版热线：(010)81055315
广告经营许可证：京东市监广登字 20170147 号

★ 想说的话 ★

嗨，大可爱、小可爱们，你们好！

我是你们的好朋友，巧手姐姐。很开心这次带你们走进了我的童话梦。

我想每个女孩子心中都有一个童话公主梦吧，幻想自己是一个公主，拥有善良勇敢的心，遇到英俊潇洒的王子……童话的世界总是那般美好。记忆中，小时候的我特别喜欢玩娃娃，也总是喜欢给娃娃们做衣服、换造型，把自己的公主梦寄托在她们身上。大概也是从那个时候起就默默地种下了一颗童话心的小种子吧。我在长大，我的小种子也在慢慢长大，长大后的我还是对美好的事物情有独钟，直到有一天我接触了带有"魔力"的超轻黏土，它仿佛能帮我把所有喜欢的东西都创造出来并赋予生命，把它们都变成现实。于是，我完成了这本黏土童话书，完成了我的一个公主梦。

书里的小红帽还是那个天真可爱的样子，只是狼外婆变得可爱了不少。白雪公主依然是拥有雪白肌肤和红色嘴唇的温柔善良的姑娘，难怪小矮人可以对她敞开怀抱，森林里的小动物也都围绕着她。我的小美人鱼啊，金色飘逸的长发，在深蓝色的海里显得格外动人美丽，还有一群胖胖的小鱼儿和大红蟹是她的伙伴。我的灰姑娘不是记忆中的那个穿着蓝色裙子的样子，她穿了一件优雅可爱的黄色小礼裙，但是依然拥有她的水晶鞋和她的专属南瓜马车……

你和她们的故事就从你打开书的这一刻开始吧，愿你能做一个美美的公主梦，愿我们每个人都保留一颗童话心。愿你可爱，愿你幸福，愿你喜欢我的这本童话书和我。

鞠躬致敬。

你们的好朋友
巧手姐姐

第1章

玩"土"前的准备

∙∙∙∙∙∙∙∙∙∙∙∙∙∙∙∙∙∙∙∙∙∙

小伙伴们，入"土"坑的你们需要这份工具清单。
准备好这些工具，就是你们拥有巧手的第一步！

第一步"团土"

1.1.1 必备土

市面上可购买到的超轻黏土有很多种，选购时先闻一下是否有刺鼻的气味，再用手揉搓一下是否黏手，如果黏土无刺鼻气味且不粘手便可考虑选购。

选择黏土颜色也很重要。建议必须购买的黏土颜色有白色、黑色、肤色、红色、黄色和蓝色；而其他颜色都可调和而成。当然你也可以直接购买所需颜色。

必须准备的黏土颜色

白色　黑色　肤色　红色　黄色　蓝色

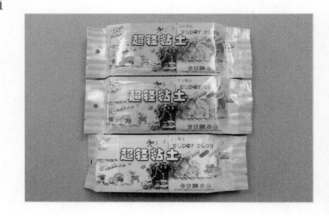

1.1.2 高颜值土

童话总是充满幻想，有着神秘光环，童话人物或闪亮或神秘。我们需准备一些带有亮粉的超轻黏土和树脂黏土来创造童话世界。

亮粉超轻黏土：

这种黏土里面夹杂着一些亮片，用它捏制的东西表面会有闪亮效果。

树脂黏土：

树脂黏土的光泽度比超轻黏土好。且将树脂黏土擀薄，会有一种半透明效果，制作鱼尾、薄纱材质的衣服等事物时可选用树脂黏土。

1.2 第二步 "集装备"

1.2.1 造型"装备"

剪刀

用于剪去多余黏土和修剪细节造型。有直头和弯头两种选择。

棒针

用于塑造细节或压出服装褶皱，还可压出圆形凹槽。

切圆工具

可将黏土压出正圆形状。

压板

可以将黏土搓圆、搓长条、压扁等。

七本针

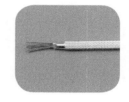

可以在黏土表面制作一些起伏纹理。

抹刀

可将不平滑的黏土表面抹平滑。

擀杖

用于擀开黏土，将黏土擀薄。

长刀片

用于切割黏土，可直线切，也可弯曲切出曲线。

丸棒

可将黏土压出圆形凹槽，大多为眼睛凹槽。型号很多。

黏土三件套

用于黏土表面的压痕和雕刻细节。最多用到的是压痕刀，所以准备了两个。

波纹剪刀

可将黏土边缘剪出波浪纹。一般服装花边可用它来剪。

点压痕工具

可压制细小的圆点凹槽，最常用于制作圆点花纹。型号很多。

普通丙烯颜料

最常用于绘制人物五官。

金色丙烯颜料

制作公主王冠、马车时可以刷一层金色。

银色丙烯颜料

要表现银制物品时可以在黏土表面刷一层银色。

色粉

多用于人物腮红绘制。

眼影

可为人物脸部上妆,画腮红、眼影等。

笔洗

装入清水,将蘸有颜料的画笔在里面清洗干净。

亮甲油

亮甲油可以使黏土表面具有光泽。绘制完眼睛后刷一层亮甲油眼睛会更有神哦。

调色盘

用丙烯颜料上色时,先在调色盘上将颜色调和。

画笔／刷子

蘸取丙烯颜料、眼影、色粉给黏土表面上色。或者画五官。种类、型号很多,大家根据自己的习惯选择使用即可。

古铜色指甲油

制作复古的物件时,可在黏土表面刷上古铜色指甲油。

1.2.3 其他"装备"

牙签

用于连接各部件,如头与身体。

乳白胶

黏土之间以及黏土与其他物品间的黏合剂。

压迫针

可用圆头压出圆形纹理,经常用于鱼尾纹理的制作。

螺旋纹铁棒

在黏土表面压出条纹肌理。

铁丝

经常用于双腿与身体的连接固定。

半球模具

黏土定型工具。将黏土附在上面可自然出现圆弧状。

硅胶模具

制作复杂花纹的模具。将黏土填进去再取出就会形成模具上的花纹。

泡沫圆球

将黏土包裹在泡沫球上,再取出泡沫球,黏土就变成一个圆壳。

注:本节介绍的均为常规工具,在后面的案例中如使用了特殊工具,会另做讲解。

第2章

玩"土"入门指南

黏土手工该从何入手？
就从学会基础手法，捏一些软萌圆的"小可爱"开始吧。

2.1 几种巧手法，捏出基础形

玩"土"的手法有揉、搓、压、擀这几种，掌握好这几种手法，每次你想捏什么的时候脑中都会对应想起该用什么手法开始、怎么收尾，再捏土就会顺畅起来了。

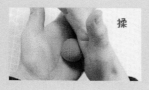
揉

搓 压

擀

2.1.1 揉

将黏土置于双掌中心，左右双手沿顺时针方向或者前后方向转动黏土，通过双手转动黏土来改变黏土的形状。

揉球

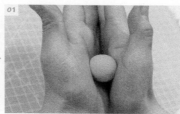

先将黏土置于双掌之间。双手按照顺时针方向转动黏土。

重复以上转动动作，直至黏土成为光滑的球。

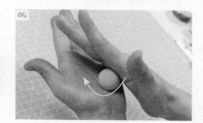

揉水滴

将黏土先揉成球。置于双掌中心，双手半开合捧住黏土，再前后揉动。

双手轻轻捏住水滴黏土，用拇指与食指将尖头那端调整形状。

揉梭形

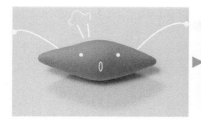
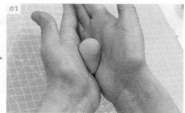
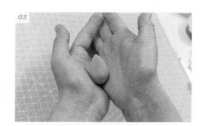
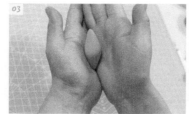
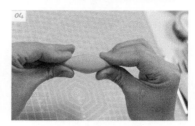

先将黏土揉成水滴。再反转过来将另一头揉出尖角。

将黏土置于手掌中调整。

双手捏住两端尖角，调整形状。

2.1.2 搓

将黏土置于手掌中或者垫板之上，通过双手前后滚动将黏土拉伸而改变黏土的形状。

搓长条

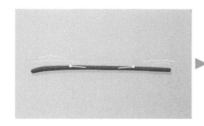

先将黏土揉成球，再将其置于手掌中心，双掌前后滚动。

再将黏土放在垫板上，双手前后滚动黏土，同时向左右搓动，使长条均匀拉长。

2.1.3 压

将黏土置于手掌中心，通过手掌、手指或者工具的挤压用力改变黏土原来的形状。

压方块

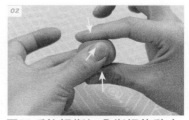

先将黏土揉成球。

用双手的拇指与食指捏住黏土，从上下、前后各方向向内压。

将方块六个面压平之后，用双手捏住四个面，挤压出方形尖角。再用压板压平六个面。

压花纹

压，除了通过双手挤压改变黏土形状之外，还可以通过工具压出花纹。在制作黏土的过程中会经常用到。

2.1.4 擀

利用擀杖的前后滚动将压扁的黏土擀薄，最终厚度取决于擀的次数，擀的次数越多面片越薄。

擀薄片

 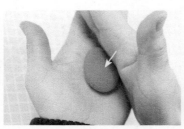 

擀一次转动一下，使薄片均匀

先将黏土揉成球，再将其置于手掌中心，双掌合并挤压将黏土压扁。

将压扁的黏土放在垫板上，取擀杖在黏土上前后滚动，将黏土擀成薄片。

2.2 捏出基础形，组个小萌物

通过以上我们学习的基础形——球、水滴、梭形、长条、方块和薄片，互相组合就可以做出一些可爱的小动物。方法简单，捏出来的动物却超级萌，非常适合初入门的朋友们制作，超有成就感。

我们就先来做最可爱的"滚滚兽"。在圆圆的身体上贴出各种基础形的眼睛、嘴巴、耳朵和四肢等,这样所有基础形的捏制我们就都练习了。要用到的工具以点压痕工具、棒针、剪刀为主。

猪小粉

黏土颜色

工具　点压痕工具、眼影、
画笔／刷子

肤色黏土加一点点红色黏土进行混色。一边慢慢加红色黏土一边揉搓,直到颜色合适,揉出一个粉嘟嘟的球,就是猪小粉的身体。

01 揉两个相同大小的小黑球,将其贴在粉球某一弧面的 1/3 处,位置要对称,做成眼睛。揉一个粉红色的球,压扁贴在眼睛之间。用点压痕工具压出鼻孔和嘴巴,并在嘴巴里填入红色黏土。

做鼻子的黏土要在原本粉嘟嘟的黏土里再多加点红色黏土。

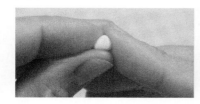

02 取与身体相同颜色的黏土捏两个相同大小的三角。将三角贴在圆球顶部两侧当耳朵。贴好之后可将耳朵顶端下压,做成卷耳朵。

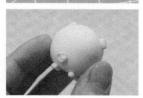

03 揉四个相同大小的小圆球如图放好,再把做好的猪身体从上面压下去粘住小球。搓一个尖尖的长条,卷一个弯,贴在后面做尾巴。再用眼影画上腮红,猪小粉就做好啦!

汪小花

黏土颜色

工具　点压痕工具、黏土三件套、色粉、画笔／刷子

我们要做的是一只可爱的小花狗。其身体是在白色的圆球上贴上黄色的黏土片做成的。

01　先取白色黏土揉个圆球，做小狗的身体，再取黄色黏土揉球再压扁，做汪小花的斑点。取一点点黑色黏土揉小圆球做眼睛。搓两个黄色小水滴轻轻压扁做汪小花的耳朵。

02　在眼睛中间部位粘上汪小花的鼻子。用点压痕工具戳出汪小花的嘴巴。取红色黏土做一个小舌头，用黏土三件套中的压痕刀压出舌头中间的纹路，粘在汪小花的嘴巴上。

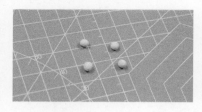  

03　揉四个白色小圆球，做汪小花的小脚。用色粉给汪小花涂上可爱的腮红。

04　最后取黄色黏土搓一个小长条，做汪小花的尾巴。汪小花就完成啦。

兔小白

黏土颜色

工具 黏土三件套、画笔／刷子、丙烯颜料

在白色的圆球上面加一对长长的耳朵，兔子的形象就很明显了，所以耳朵是很重要的特征哦。

01 用白色黏土揉出兔小白圆滚滚的身体。揉两个黑色的小圆球做兔小白的眼睛。用白色黏土揉出两个小水滴，再轻轻压扁，做兔小白的耳朵。

02 在兔小白的白色耳朵里各粘一个同样形状却小一圈的粉色黏土，才是完整的耳朵。将耳朵粘在兔小白的头顶。

03 揉四个白色小圆球做兔小白的小脚丫。

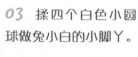

04 用勾线笔蘸丙烯颜料画出兔小白的鼻子、嘴巴和腮红。再揉个白色小圆球，粘在身体后面做兔小白的尾巴。兔小白就做好了。

05 取橙色黏土揉一个小胖水滴再压出纹路。取绿色黏土压成一颗心。两者组合在一起做个小胡萝卜，让兔小白抱着。

熊猫弟

 黏土颜色　○ ● ●

 工具　黏土三件套、色粉、丙烯颜料、画笔 / 刷子

黑白两色是熊猫弟的特点。眼睛的黑眼圈、白眼球、黑眼珠一层夹一层，熊猫弟的形象特征就很明显了。

01 将白色黏土揉成圆球之后，再将黑色黏土揉成两个小圆球。熊猫弟的身体和耳朵就做好了。

02 再揉两个黑色小圆球做熊猫弟的黑眼圈，粘的时候需压扁。

03 在黑眼圈上面再粘一个白色黏土圆片。最后再粘上黑眼珠。

04 在两个眼睛中间加上熊猫弟的鼻子。用勾线笔蘸丙烯颜料画出嘴巴。

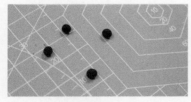  

05 揉五个小黑圆球，做熊猫弟的小脚和尾巴。

06 用色粉给熊猫弟涂上粉嫩嫩的腮红。

07 取绿色黏土做一个小竹子，粘在熊猫弟胸前。熊猫弟就完成啦！

鸡小黄

黏土颜色 ● ● ● ●

工具 　黏土三件套、剪刀、丙烯颜料、画笔／刷子

鸡小黄的圆球身体需要稍微搓的扁长些，头尖尖、肚圆圆才更可爱。鸡小黄的嘴也是尖尖嘴的呢。

 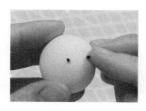

01　取黄色黏土揉球做鸡小黄的胖身体。用黑色黏土揉两个小圆球做眼睛。

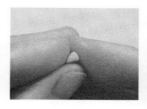 

02　取橙色黏土捏个尖尖的小三角，粘在鸡小黄的两个眼睛中间，做嘴巴。

03　用黏土三件套的压痕刀，压出嘴巴上的纹路。

 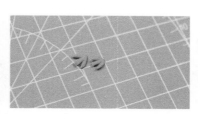 

04　取橙色黏土捏出两个小三角，再将其用剪刀剪成鸡小黄的小脚丫，粘在身体下边。

 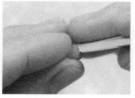

05　搓两个小长条做鸡小黄的小翅膀。用红色黏土做一个小爱心。

06　将红色小爱心装饰在鸡小黄的头顶，一颗爱意满满的小鸡冠就出现啦。最后给鸡小黄粘上尾巴，画上腮红，就完成啦。

蛇小青

工具　　棒针、剪刀、画笔／刷子、丙烯颜料

蛇的基础形是一个拖着尾巴的圆。我们先搓一个圆，再从一端搓出一个尖尖的尾巴来。

01 用绿色黏土揉圆球，再用手掌侧面将圆球搓出一个小尾巴，类似水滴的形状。

02 尾巴不要搓得太长，保持蛇小青圆形的身体，尾巴调整弯曲一点就好。

 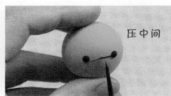 

压中间　　挑两端

03 用黑色黏土揉成小圆球做眼睛。再用黑色黏土搓细条，做蛇小青的嘴巴。

  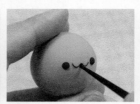  

04 将红色黏土搓细条，中间用剪刀剪开，做蛇小青的舌头。用棒针在嘴巴中间下方戳个洞，将舌头粘在洞里。用红色丙烯颜料给蛇小青画上腮红。

05 用黑色黏土做一个扁的圆和一个小圆柱，拼到一起做成一个小礼帽，戴在蛇小青的头上。蛇小青就完成啦。

豚小蓝

黏土颜色

工具　黏土三件套、剪刀、压板、色粉、画笔／刷子

豚小蓝的基础形跟小蛇的一样哦。从球搓出一个小尾巴。

01　用蓝色黏土揉圆球，在圆球的基础上搓出个小尾巴，来做豚小蓝的身体。

02　取白色黏土揉成长一点的水滴、压扁，来做豚小蓝的白色肚皮。

03　用黏土三件套的压痕工具辅助，用蓝色黏土做出一个小爱心，粘在豚小蓝的尾巴上。

04　分别用蓝色和白色黏土做出一样大小的小三角。将两个小三角叠粘在一起，并将一边剪平粘在豚小蓝身体的前侧做嘴巴。

05 取黑色黏土揉两个小黑球，做豚小蓝的眼睛。

06 用蓝色黏土揉三个相同大小的小水滴，各侧剪一下，粘在豚小蓝的身体两侧和上方，做鳍。

07 最后用色粉给豚小蓝涂上粉嘟嘟的腮红。圆滚滚的豚小蓝就完成啦。

羊小绵

黏土颜色

工具　丸棒、七本针、棒针、黏土三件套、色粉、画笔/刷子

绵羊的皮毛就像一个棉花糖，做法就是先揉一个球，再用七本针去戳一下。

01 取白色黏土揉圆球，用丸棒压出个凹槽，再用七本针，戳出羊毛效果的肌理。

02 取肤色黏土揉成圆球再压扁，做羊小绵的脸，粘在先前压的身体凹槽里。

03 用黑色黏土揉两个小圆球做眼睛。再用肤色黏土揉水滴，用棒针在水滴中间压出痕，做成小耳朵粘在头顶两侧。

04 在耳朵上方戳个洞。将灰色黏土揉成水滴粘在耳朵上面的洞里做羊小绵的角，用黏土三件套中的压痕工具压出纹路。

05 用色粉给羊小绵涂上腮红。用白色黏土圆球做羊小绵的脚和尾巴。

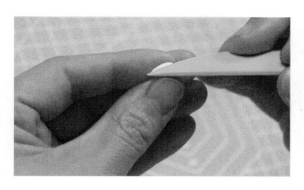 

06 最后用白色黏土做一簇"头发"，粘在羊小绵的头上就完成啦。

要抱抱~

要举高高~

还要转圈圈~

黏土颜色

工具

棒针、点压痕工具、黏土三件套、剪刀、亮甲油

特殊工具

五星压花工具

小怪兽的基础形

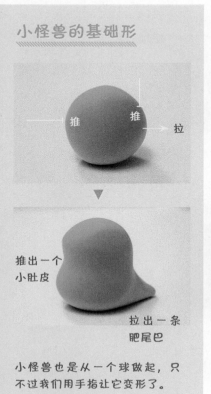

推 　推　 拉

推出一个小肚皮

拉出一条肥尾巴

小怪兽也是从一个球做起，只不过我们用手指让它变形了。

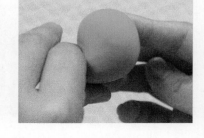

01 取绿色黏土揉圆球，在圆球基础上搓出小怪兽的尾巴。

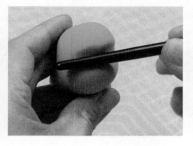

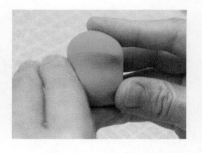

02 用棒针的粗端在身体正面压凹痕区分出小怪兽的脸和腹部，再用手将身体表面调整光滑。

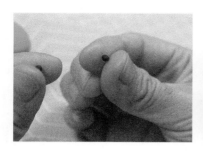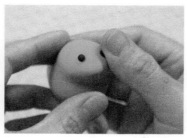

03　取黑色黏土揉成圆球，做小怪兽的眼睛。

04　取黑色黏土搓成细线，用点压痕工具辅助，将细线粘在两眼之间，做小怪兽的嘴巴。多余的部分用剪刀剪掉。

05　取黄色黏土揉成圆球再压扁，贴在小怪兽的肚皮上。用黏土三件套中的压痕工具压出纹路。

06　同样取黄色黏土揉圆球，再压扁，再用剪刀剪成半圆，要多做几个。将这些半圆粘在小怪兽的头上和背上。半圆由上至下是逐渐变小的。

07　取绿色黏土揉两个小胖水滴做小怪兽的手，掌心向上粘在身体两侧。

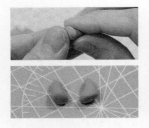   

08　用绿色黏土搓小短条，再将一端弯曲，压出小怪兽的脚，粘在小怪兽身体两侧。那种坐地、伸手，要求抱抱的既视感是不是很强烈？

做一朵小花

小花的制作需要用到黏土八件套中的五星压花工具。取粉色黏土先揉一个水滴，将圆头一端压向压花工具；取下黏土，依据压痕剪开黏土。再揉一个黄色小水滴做花蕊，小花就做出来了。

请抱走
~

09　给小怪兽粘上用粉色黏土揉成的可爱的腮红。再将小花粘在小怪兽的头上。最后在眼睛和小花上刷一层亮甲油，一只卖萌求抱抱的小怪兽就完成啦！

2.3 Q萌人物超简单制作法

2.3.1 怎样头身比的萌宝才最乖？

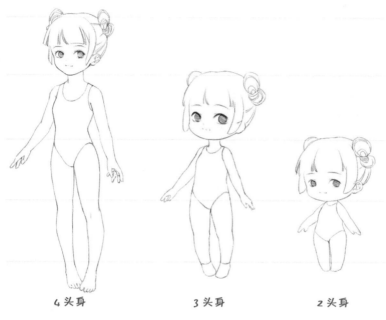

4头身　　　　3头身　　　　2头身

Q萌人物根据头身比例不同，可区分有5头身、4头身、3头身和2头身等，其中3头身到2头身之间比例的人物是大家通常觉得最萌的。

3头身的小王子还有2头身的雪初音，是不是都超可爱呢？而右手边的这只"姐姐"是2.5头身，也是很Q萌的。本书中的人物也都是Q萌小人儿，那么我们就先从捏一只"姐姐"入手，练习一下Q萌黏土人物的制作吧。

小贴士

小王子和雪初音的制作收录于《超有趣的黏土魔法书（视频教学版）》一书中哦。

黏土颜色

工具

棒针、剪刀、擀林、长刀片、丸棒、黏土三件套、乳白胶、抹刀、点压痕工具、压板、草粉、牙签、丙烯颜料、色粉／眼影、画笔／刷子

先做个包子脸吧！

包子脸圆嘟嘟的，在1/2的位置做出凹陷来画眼睛，不需要捏鼻子。这是最简单的脸型。

用肤色黏土捏好圆圆的包子脸之后，要晾干才能画五官哦。

01 取肤色黏土揉圆球，再轻轻拍扁一些，用手将两侧及下端捏平整。

02 在正面二分之一处用棒针压出眼窝的位置，用手调整光滑。

03 在脸的中间位置且靠后处，用棒针的圆端戳个洞，这个洞用来连接脖子，一张包子脸就完成啦！

晾着包子脸，等干之后再画五官！

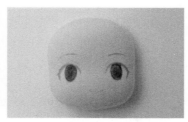

04 待包子脸干透之后，先用铅笔起稿五官。

05 用丙烯颜料上色。先用棕色颜料画瞳孔，记得双眼要对称着画。

06 瞳孔颜色干了之后，再用黑色颜料在瞳孔里画上深色的花纹。

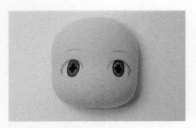

07 用勾线笔蘸黑色颜料给眼瞳描上轮廓。

08 继续用黑色颜料勾画上眼线和睫毛。

09 用白色颜料画上眼白。

10 将灰色颜料调浅些画出眼线下方的阴影。

11 用棕色颜料画眉毛和嘴巴。

12 最后用色粉或者眼影上妆，涂上眼影和腮红再点上白色的眼球高光。

捏双小胖腿！

2.5 头身的人物，腿的长度和头的长度大致相等。注意，腿的膝盖制作是关键。

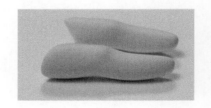

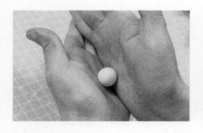

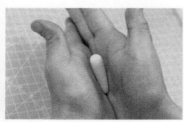

13 取肤色黏土揉成球再搓成条，注意一头胖一头细。

14 先找到膝盖的位置，用手指轻捏膝盖的两侧，再调转方向捏住膝盖前后，食指向上推，拇指向下推，捏出膝盖，区分出大腿和小腿。

15 用食指和拇指滚动一下膝盖上下，使腿部均匀光滑；用剪刀在腿根部侧剪，一双小胖腿就做好啦！

穿上小鞋站起来！

穿上鞋子之后的双腿就比头部稍微长一点了，注意比对一下。
袜子是白色百褶花边的哦。

 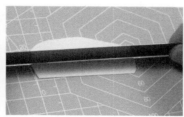 

16 取白色黏土擀成薄片，用长刀片将白色薄片切成宽长条，围在小腿下边做袜子。

  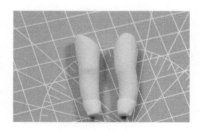

17 用剪刀将多余的部分剪掉，让白色薄片贴合在小脚上。

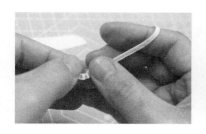  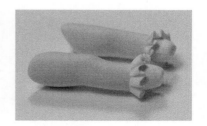

18 用长刀片再切一条白色细条，折出一个小花边，粘在袜子的上沿。

19 用棕色黏土揉出椭圆球，大拇指在椭圆前端压一下，就压出了鞋子的雏形。

  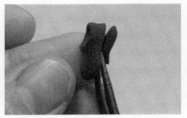

20 用丸棒戳出鞋的内里。用剪刀平剪出鞋后跟，就斜剪出鞋的形状了。

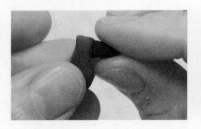 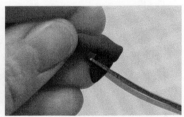

21 搓一条短粗的黑色长条，用剪刀将其一端剪平，粘在后跟处。再对齐前部鞋底，将后跟多出的黏土剪掉。

 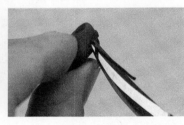

22 切一条黑色长条薄片，围鞋底一圈做鞋底的边。

 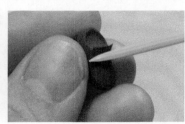

23 在鞋面前部粘一块棕色方形薄片做鞋舌。

 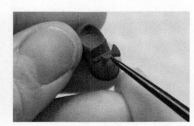

24 剪两块棕色三角拼在一起做蝴蝶结，将小蝴蝶结装饰在鞋舌上，一双可爱的学生鞋就完成啦！

25 将白色黏土捏出一个三角。

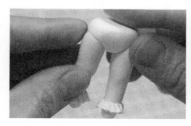  

26 把做好的双腿粘在三角左右的斜面上。用黏土三件套里的压痕刀在三角后面中间压痕，做娃娃的小屁屁。

 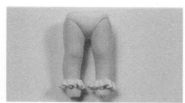 

27 将屁屁上方多余的部分剪掉。抹点乳白胶在小脚上，把做好的鞋子粘在脚上。

捏小身体！

身体的腰线要向内掐，注意做出小身板的曲线哦。

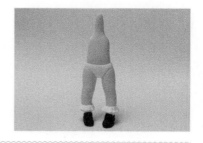

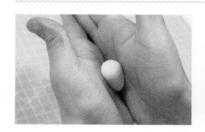  

28 先将肤色黏土揉圆球再搓成圆柱，用手捏出脖子。

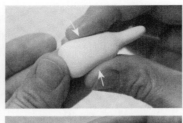
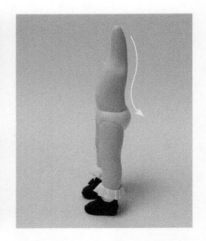

29 调整脖子粗细。用食指和拇指捏出腰身，用剪刀将下方多余的身体部分剪掉，将剪平的切口和双腿粘到一起。

穿上靓丽可人的水手校服！

水手服比较难制的是百褶裙。

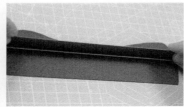

30 取与鞋子相同的棕色黏土擀成薄片，再用长刀片将其切成长方条。

由上至下斜切一刀
由下至上斜切一刀

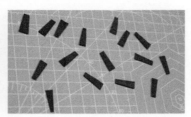

31 将棕色薄片切成小片，切出来的黏土片形状是一头窄一头宽的。

32 把切好的薄片拼接到一起，围成圈拼成小裙子。拼接时一片压一片。

33 把拼好的小裙子围在做好的身体中下段。

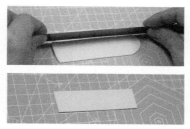

34 在身体胸前贴一个用棕色黏土切成的倒梯形片，做衣服领口处的打底。再擀一块浅黄色薄片，并切成能围着身体一圈的长方形片，再将顶端两角斜切掉。

35 把切好的浅黄色薄片围在身体上做上衣，围时注意薄片的接缝要在身体前方的中间。

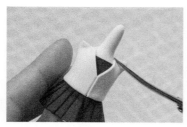

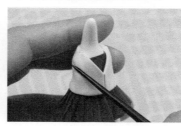

36 将上衣在肩膀上多出的部分用剪刀剪掉，再用棒针在身体两侧压出衣褶。

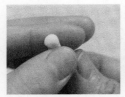  

37 取肤色黏土搓长条，再捏出胳膊雏形，并分出手掌和胳膊。将手掌再压扁，用剪刀剪出拇指。

剪大拇指时将剪刀斜着向内剪，其余四根手指中指最长，两边手指递减缩短。

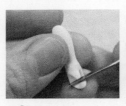  

38 用抹刀调整出手的基本形状，再用剪刀剪出其余的四根手指。再做出另一只手。

39 取黄色黏土搓长条做袖子，在袖口压出褶皱。

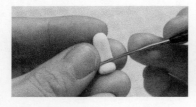 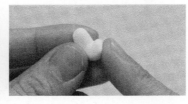

40 再将其中一个袖子折弯，待做折弯的胳膊。

41 把之前做好的小手由手腕处剪断。用棕色黏土揉圆球，再压一个洞，将手粘上去。再用棒针在之前做好的袖子的袖口处压一个洞，将手粘到袖子上。

42 把做好的胳膊内侧剪一刀，各粘在肩膀下方。

43 将棕色黏土擀薄片，用刀片和剪刀剪切出衣领的形状。

44 把剪切好的衣领围领口一圈、粘住。

45 用肤色黏土加点红色黏土混色。再将其做成一个蝴蝶领结。

46 将蝴蝶结粘在领口处，漂亮的水手服就做好啦！

背着包包去上学吧！

背包主体是一个方块，再加两根背带，可以根据个人喜好加一些装饰。

  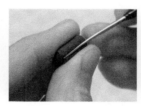 

47 将棕色黏土捏成一个小方块，做背包包体，再用抹刀压出背包上的缝线。

48　再用棕色黏土切一些长条薄片做背包上的装饰。加上背包带子，背包就做好了。

49　给背包刷层棕色的稀颜料，背包颜色会更亮一些。

为"姐姐"贴上头发吧！

"姐姐"是简单的长直发，先制作发片，再由下至上一层层贴出长直发，最后做刘海和呆毛。只需注意发尾要平整。

50 取用黑色黏土先揉成圆球，用手在圆球中间压个凹槽。这部分包在脸的后方做后脑勺。

51 继续取黑色黏土擀成片，不要太薄。用切片将四周切整齐，并在片上压出纹路，再切成条，做发片。

52 先在后脑勺的下边粘一圈发片。

53 继续再做一些发片，这次的发片要长一些。

54 第二层发片粘在后脑勺中间部位，底端与第一层发片保持一致。

55 最后做头顶的头发，由发际线处分左右两侧开始贴发片。注意头顶中间的发片贴合处时需将发片斜剪一刀，使发片相错切合好。

56 取黑色黏土揉成圆球，用剪刀剪出刘海雏形。在刘海上用黏土三件套的压痕刀压出纹路，然后将刘海粘在发际线处。

57 最后在头顶加两根呆毛。把头和身体装到一起，可爱的"姐姐"就完成啦！

给姐姐一片舞台！

这片小舞台需要用到草粉呢，在地砖缝隙里贴上一些草粉，
这片舞台更具自然气息。

58 取一块黑色黏土将其压扁，用抹刀在其上面划出纹路，再用棕色丙烯颜料上个色，做成地台。

注：上色工具仍选手边合适的即可。这里用到了海绵

59 将乳白胶挤在地台缝隙处，撒上草粉。待乳白胶干透后一块超自然的地台就做好了。

60 用金色丙烯颜料给"姐姐"画出领口、袖口上的花纹；在脖子和腿各穿根牙签。

61 把身体和头连到一起。然后将人插入地台，"姐姐"就完成啦。

小红帽的故事要开演了哦！

第 3 章

小红帽智斗狼外婆

勇敢聪明的小红帽答应妈妈给住在森林里的外婆送去
甜甜的蛋糕，在路上小红帽遇见了贪婪的大灰狼，之
后的故事会如何发展呢？

 小红帽带了什么给外婆?

小红帽应妈妈的嘱咐去给住在森林里的外婆
送蛋糕,那么小红帽的小篮子里有什么呢?

黏土颜色	
特殊黏土	白色奶油黏土
工具	七本针、棒针、压板、剪刀、抹刀、色粉、画笔/刷子、丙烯颜料
特殊工具	五星压花工具

3.1.1 蛋糕

 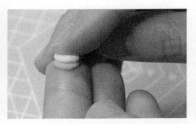 

01 取粉色黏土揉成圆球,再轻轻地压扁,同样的方法再做一个白色圆饼和一个粉色圆饼。将三个小圆饼如图叠好,做成小蛋糕。

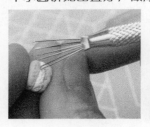 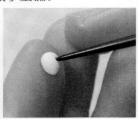  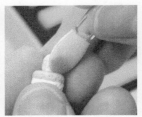

02 用七本针在小蛋糕的侧边戳出肌理。用白色黏土揉成小水滴,将小水滴粘在蛋糕上,在水滴上压凹痕,将其做成小草莓,用色粉在草莓表面涂上红色。

03 在草莓周围加上一点白色奶油黏土。

3.1.2 小花

01 取一小块黄色黏土揉成圆球，再揉成水滴的形状，用五星压花工具在水滴粗端戳一下。

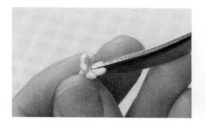 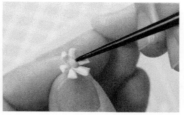 

02 按照工具压的纹路，用剪刀剪出花瓣，调整好，再粘上深黄色黏土做花心。

3.1.3 篮子

 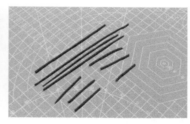

01 取棕色黏土搓出很多小细条。

02 待细条半干的时候编织到一起。

03 编织成型后，细条多余的部分用剪刀剪掉。

04　取棕色黏土揉圆球，再压扁做花篮的底，把编好的黏土围一圈，做花篮筐。

05　再取棕色黏土搓一条均匀的细条，对折并扭在一起成麻花纹。

 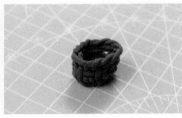

06　将拧好的麻花纹粘在花篮筐的最上边一圈。

07　剩余的麻花纹用来做花篮的提手。

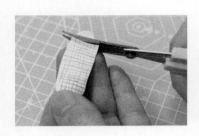  

08　擀一块白色黏土片，用蓝色丙烯颜料画上格子做成一块小格子布，装饰在篮子里。再把蛋糕、小花装进花篮里。

3.2 狼外婆

大灰狼先一步赶去森林里的外婆家，假扮成小红帽的外婆。

黏土颜色

工具 黏土三件套、丸棒、棒针、点压痕工具、擀棒、长刀片、剪刀、抹刀、切圆工具、眼影、丙烯颜料

狼外婆的长相

"外婆，你的耳朵怎么这样大啊？"

"为了更好地听你说话呀，乖乖。"

"可是外婆，你的眼睛怎么也这样大呀？"

"为了更清楚地看你呀，乖乖。"

"外婆，你的嘴巴怎么大得这么吓人呀？"

"为了一口把你吃掉呀！"

01 先取灰色黏土揉成圆球。

02 再把圆球滚成椭圆，来做狼外婆的脑袋。

 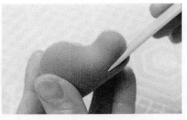 

03 把脑袋放平于掌心，另一只手的食指放在中间部位往下压做出狼外婆的大嘴巴。再用黏土三件套中的压痕刀把狼外婆的嘴巴切开。

04 用丸棒把嘴巴里面压平。在脑袋底下戳个洞，后面用于与脖子连接。

05 取红色黏土揉成椭圆再压扁成红色薄片，将红色薄片贴在嘴巴的上下颚；取一点点白色黏土揉成水滴，将水滴圆端压平就是牙齿。

06 继续做多个白色的牙齿并粘在嘴内的外圈，前面四颗牙齿最大，向里渐变小。

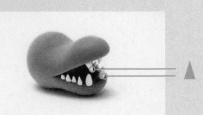

大灰狼的牙齿

大灰狼的嘴巴前端上下各有两颗又大又尖的牙齿；内侧的牙齿也是尖尖的，但是要小一些。

07 用棒针圆头端在脸部压出眼窝，在眼窝里填上白色黏土圆片作眼白。

08 用黑色黏土揉小圆球作黑眼珠。再做出短粗条状的眉毛和椭圆的大鼻子。用点压痕工具给鼻子戳出鼻孔。

09 取粉色黏土揉成圆球，在中间用拇指压出凹槽。

10 慢慢捏出帽子的形状。

11 取白色黏土擀成长薄片，再用刀片将边缘切整齐。

12 将切好的长条薄片折出花边。

13 把白色花边装饰在做好的粉色帽子边缘。再把做成的帽子戴在狼外婆的头上。

  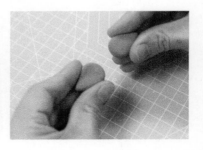

14 取两个相同大小的灰色黏土揉水滴，再压扁，做出两个三角。

  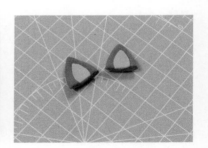

15 在做好的灰色三角里面各粘一个粉色的小三角形，用来作狼外婆的耳朵。

 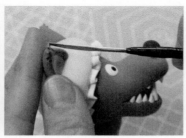 

16 把做好的耳朵粘在狼外婆的头上，并用抹刀在耳朵尖上挑一些毛发纹理出来。再用红色眼影给狼外婆画上腮红。

做狼外婆的身体

狼外婆的身体像什么呢？"人"字形？还是战国时期的圆足布？或者是编钟长了两条腿呢？

身体正面，要做出向前凸的圆弧流线，身体背面，要做出向下凹的腰部。

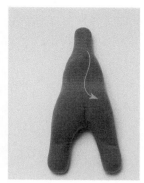

17 取灰色黏土揉成圆球，再揉成一头胖一头瘦（不用太尖）的长水滴，在水滴的胖端中间位置用棒针分出狼外婆的腿。

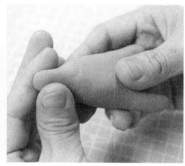

18 把分出的腿慢慢捏长。并用手指在躯干上边捏出脖子。

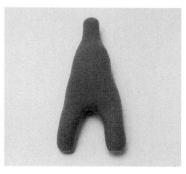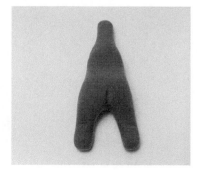

19 翻转至背面，用手指将后腰下压使肩膀、后腰、屁股整体呈"s"形。用棒针把狼外婆的屁股压出来，再慢慢调整好身体形状。

做狼外婆的爪子

狼外婆的爪子很大、很厚实，这样肥厚的爪子能平稳
的支撑狼外婆的身体，使其站立起来。

20　取两块相同大小的灰色黏土揉成圆球，再揉成胖水滴。轻轻压扁一点儿，用黏土三件套中的
压痕刀压出狼外婆的爪子大形。

 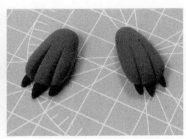

21　取黑色黏土捏出三角
作指甲，给狼外婆的爪子粘
指甲。

22　取白色黏土做个花边，装饰在外婆的爪子上。将爪子和腿粘在一起。

狼外婆的睡衣好粉嫩

狼外婆的睡衣颜色是浅紫色和亮亮的黄色，加上蕾丝花边装饰，是不是超级少女心呢？

23 取浅紫色黏土擀成薄片，用切圆模具切出一个圆。再用小的切圆模具在圆中间压去一个小圆。

24 将切好的浅紫色圆环片套在狼外婆的身体上。边捏出小褶皱，边将其与身体粘牢固。狼外婆的小裙子就做好了。

25 取黄色黏土擀成薄片，用长刀片将黄色薄片边缘切整齐。

26 黄色薄片的接合边对齐前胸的中线，将黄色薄片围住狼外婆的身体一圈。用剪刀将接合边及肩部多余的黏土剪掉。

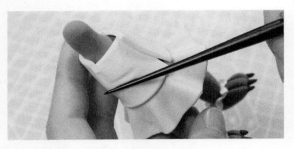

27 用棒针压出衣服上的衣褶；用点压痕工具压出扣子处的凹陷。

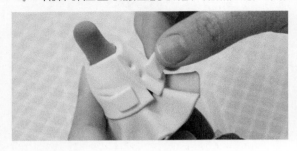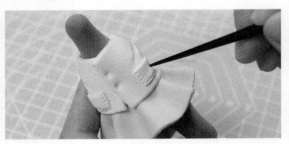

28 取黄色黏土擀薄片并切成两块方形薄片作上衣口袋。用棒针在口袋左右及底侧压出点状装饰。

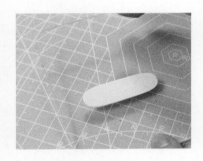

29 用压板将白色黏土搓长条再压扁。用刀片将白色薄片切出领子形并将白色领子围在领口，多余的黏土剪掉。

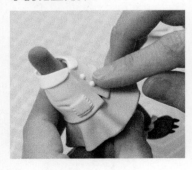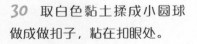

30 取白色黏土揉成小圆球做成做扣子，粘在扣眼处。

31 取两块相同大小的灰色黏土揉成水滴，准备做狼外婆的前爪。

  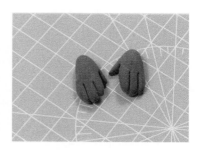

32 在水滴圆头端用剪刀剪出狼外婆的前爪形状。

33 取相同大小的两块黄色黏土揉成圆球，再搓成长条。在长条中间弯曲，准备做狼外婆的胳膊。

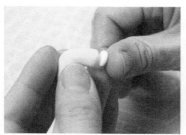 

34 取白色黏土，揉圆球、压扁，做出两个圆形薄片粘在袖子口。并用棒针圆头戳个洞。

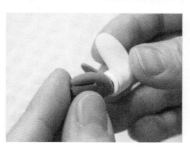 

35 把做好的前爪粘到袖口的洞处。

36 用剪刀在胳膊大臂内侧斜剪一刀，将胳膊粘在狼外婆的身体上。胳膊在粘贴时可依据个人喜好调整动作。

露出狼尾巴的狼外婆

给狼外婆做一个长长的尾巴，给浅紫色的裙子上点缀上白色的小花纹，最后把头和身体粘在一起，狼外婆就做好啦。

37 取灰色黏土揉成胖水滴，做狼外婆的尾巴。用黏土三件套中的压痕刀将尾巴压出纹路并用剪刀修剪外形，粘在狼外婆的身体后边。

38 在脖子上穿牙签或者铁丝，把身体和头连到一起。

39 用点压痕工具蘸白色丙烯颜料在裙子上点上波点。狼外婆就完成啦！

 机智勇敢的小红帽

可爱的小红帽带着美味的蛋糕去看望住在森林里的外婆，她能顺利地识别出狼外婆的真面目吗？

黏土颜色

工具 棒针、黏土三件套、剪刀、长刀片、波纹剪刀、点压痕工具、抹刀、切圆工具、压板、七本针、擀杖、丙烯颜料、铁丝、画笔／刷子

小红帽是可爱的包子脸

小红帽稚嫩的包子脸上有一双水灵灵的大眼睛。爱笑的她常露嘴里的小牙齿。

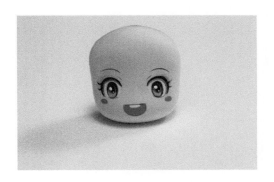

01 先取肤色黏土揉成圆球，再稍稍拍扁。

02 调整脸型，在脸二分之一处压出眼窝，食指放在眼窝处，拇指放在下巴处压出下巴。

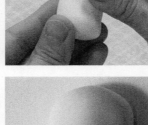

03 用手指反复调整脸型，使脸部表面光滑。

04 调整好脸型之后，在脸的底部用棒针圆头戳个洞，用于与脖子的连接。

05 待脸晾干之后，用铅笔起稿五官。

06 铅笔起稿后，从眼瞳开始用丙烯颜料涂色。先涂一层红色做打底色，在眼瞳下方用白色勾画反光。

07 风干底色后再用深红色勾画眼瞳上半圈，用黑色画瞳孔。

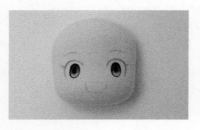

08 用黑色勾画出眼瞳的外形线。

09 再用黑色画出眼线和睫毛。

10 等颜色都干燥后用白色画出眼白。

11 用深棕色细细地勾画出眉毛和双眼皮，并用浅灰色画出眼白的阴影。

12 用红色平涂出嘴巴和腮红。

13 用白色点出眼球上的高光并画出小牙齿。最后用红色眼影画一下外眼角。

绑个双麻花辫，可爱值更高哦

麻花辫、齐刘海都是小女孩的可爱打扮，小红帽的可爱值可是爆表呢！

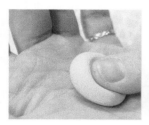   

14 取黄色黏土揉成圆球，再用拇指将圆球压出一个凹槽。将这部分包在小红帽的脸后方，做后脑勺。

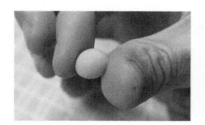 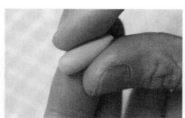 

15 取黄色黏土揉成水滴，再用食指指尖轻轻压扁水滴并将其弯曲。这是一个刘海发片的基础形。

16 用黏土三件套中的压痕刀划出刘海的头发的纹路，将底端用剪刀剪平。相同的方法做一大两小三个刘海发片。

17 把做好的刘海粘在小红帽头上，中间大，两侧小。

18 取黄色黏土搓成细条，要长一点，可以对半剪开。把搓好的两根细条扭到一起成麻花状。

19 取两个做好的麻花拼到一起，剪适当长度。粘一块黄色黏土土在尾端，并用剪刀剪出尖刺纹做发尾。

20 取红色黏土搓一个细长条在麻花辫与发尾的接口处。照此做两条麻花辫。

21 用剪刀侧剪一下麻花辫根部。将两根麻花辫粘在脑袋两侧。

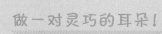

做一对灵巧的耳朵！

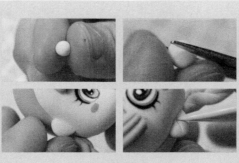

做耳朵需要注意，一般情况下，先做人物的耳朵，然后再贴发片。而这里小红帽的耳朵因为没有被头发遮住，所以可以贴完头发之后再把耳朵贴上去。取肤色黏土搓成圆球，稍稍压扁。用剪刀对半剪开，脸的两侧各贴一个。然后压出纹理。

给小红帽捏双小腿

小红帽有一双穿着白色连体袜的小短腿，穿着一双红色小鞋子，非常可爱。

注意腿的长度需根据头的长度确定。小红帽是 2.5 头身，腿与头的长度是 1:1 哦。

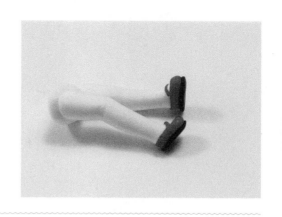

22 取白色黏土搓成一头圆一头尖的长条，将尖头端弯曲，并将底部抹平做脚丫。脚背、脚尖要调整一下。

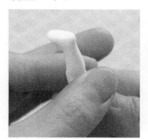   

23 确定膝盖位置，食指捏住膝盖下方往上推，拇指捏住膝盖窝往下推。比较着做出两条长短一样的腿。

  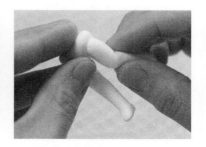

24 取白色黏土捏一个三角，把做好的双腿根部内侧剪平粘在三角斜面上。腿和小屁屁就做好了。

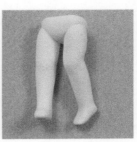

25 翻到背面压出小屁屁的形状，用手调整好形状，多余的黏土用剪刀剪掉。

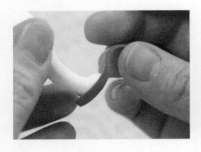

26 取红色黏土擀成薄片并切出整齐的长条，将长条由脚后跟开始包围着脚一圈，将多余的黏土用剪刀剪掉。这就是小红帽的鞋子。

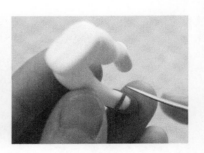

27 调整好鞋子的形状。再取红色黏土搓成细长条做鞋带。

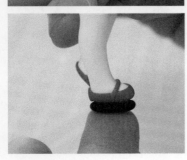

28 取黑色黏土搓成小圆柱，再压平，粘在脚底做鞋底。一双可爱的小鞋子就做好了。

给小红帽做一身红裙子

红裙子要如何装饰才更可爱呢？裙摆、衣襟、领口、袖口都可以多多装饰哦。

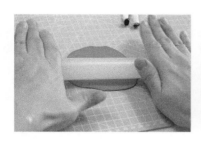

29 取红色黏土擀成薄片，用剪刀将薄片剪成一个圆形。如果有切圆工具也可以用切圆工具。

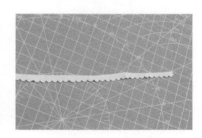

30 取白色黏土擀成薄片，用长刀片将一边切整齐，再用波浪纹剪刀在另一边剪出波浪纹。这是裙子的花边

31 把做好的花边粘在红色黏土薄片内侧边缘，裙子的基础形就出来了。

32 把做好的腿粘到做好的裙子底面中间，压下裙摆，用手指调整裙子褶皱。

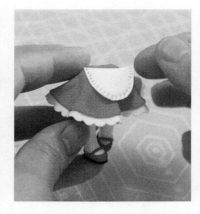

33 取白色黏土擀成椭圆形薄片，用小丸棒在边缘压出一圈花边。将其粘在裙子前面，做小围裙。

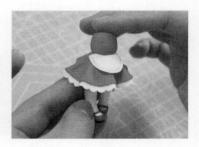

34 取红色黏土搓一个小圆柱，将底端抹平，做身体。搓圆柱时要比对一下腰身的粗细是否合适。

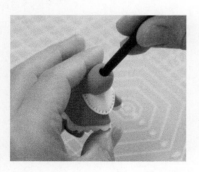

35 在身体上端的中间位置用棒针戳个洞。

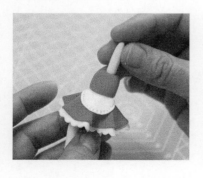

36 取肤色黏土搓长条，粘在身体上边的洞里，并将过长的黏土剪去。做成脖子。

37 取白色黏土擀成薄片，再切成一个长方形，用点压痕工具在两个长边压出花边。将其粘在身体前侧，再用抹刀在中间压出两条直线做出可爱的花边衣襟。

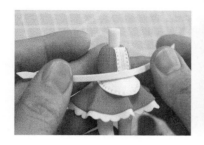 

38 取白色黏土擀成薄片，切成长条围在腰上做围裙腰带。

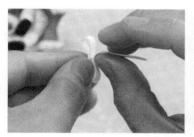 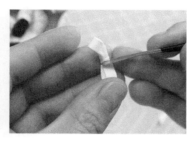

39 再用剩下的白色长条做成蝴蝶结。

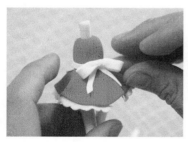 

40 把做好的蝴蝶结粘在裙腰后边。

 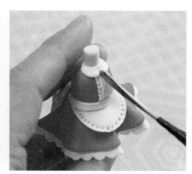

41 用小的切圆工具将白色黏土薄片切下一个圆，再用小一号的切圆工具靠近边缘切去一个小圆，留下的部分做领子。把领子贴在衣领处，用抹刀压出娃娃领。

给小红帽做一双手

小红帽的左边手臂是直的，右臂是弯的，因为右臂要挎篮子。

42 取肤色黏土搓长条，先用手捏细一段分出手和胳膊，再在细的一端捏出手掌。

43 用剪刀剪出手指，并用抹刀把指头压圆润。做出两只手。

44 取红色黏土搓两个短粗条，用来做胳膊。

45 取白色黏土揉圆球，再压扁成一个圆形小薄片。

46 在红色短粗条的一端戳个洞做袖口，把做好的小白片粘在袖口里。其中一只胳膊做出弯曲的形状。

47 把做好的手剪下来，粘在袖口处与胳膊衔接上。

48 在大臂内侧用剪刀侧剪一刀，把胳膊粘在身体上。

戴上红兜帽，挎着小篮子，出发！

小伙伴是否知道"小红帽"的由来呢？那是因为外婆特别宠她，有一次外婆送给她一顶红色帽子，小姑娘非常喜欢，从此，她便不愿意戴其他帽子，于是大家就叫她"小红帽"。

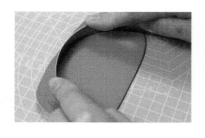 

49 取红色黏土擀成薄片。将长刀片弯曲把薄片切出一个叶片形状。

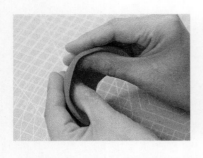

50 用双手将薄片轻轻凹出帽子的造型，戴在小红帽的头上。

51 取红色黏土搓细条，做一个小蝴蝶结。在蝴蝶结尾端粘上用白色黏土揉成的圆球。

52 将蝴蝶结装饰在帽子的底端。戴上帽子后发现小红帽的鬓角有点秃，所以我们可以在左右鬓角处各加一片发片。

53 在脖子处穿一根铁丝，把身体和脑袋连接到一起，小红帽就制作完成啦。

在草地遇到狼外婆

"外婆，外婆。你怎么不在小屋等我呢？"

"因为我迫不及待想见到你啊，我的小红帽。"

"咦！你不是我的外婆！你有尖牙和尾巴，你是大灰狼！"

54 取绿色黏土和黄色黏土随便混在一起（不需要混色均匀）揉成圆球再擀成片（不用太薄），用七本针在一面戳出草地的质感。

55 在小红帽和狼外婆的腿里穿上铁丝，把小红帽和狼外婆固定在草地上就可以了。

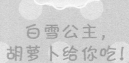

白雪公主，
我的小榛果送给你！

白雪公主，
胡萝卜给你吃！

第4章

白雪公主的森林奇遇

恶毒的后母王后让猎人杀死美丽的白雪公主，猎人于心不忍放走了她，此时白雪公主来到了一片森林，在这片森林里白雪公主遇到了什么呢？

4.1 来自森林的朋友

白雪公主来到了一片森林，在森林里她会遇到什么呢？

黏土颜色 ○ ○ ○ ○ ○ ○ ○ ○
● ●

工具 擀棒、丸棒、黏土三件套、棒针、剪刀、点压痕工具、抹刀、丙烯颜料、画笔/刷子、铁丝、色粉

4.1.1 梅花鹿

梅花鹿很美丽

小鹿的头是一个圆圆的球，变成一个大的水滴形，再微微弯曲一点点的样子就像一个圆溜溜的大逗号。

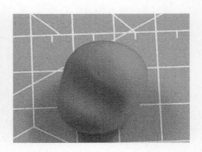

01 取黄褐色黏土揉成圆球，再调整成胖胖的水滴型。确定好眼窝位置，用手指压凹下去，再捏出一个小尖是鼻子的位置。这就是小鹿的脑袋。

02 取米粉色黏土擀成椭圆形薄片，以鼻尖为点向脸颊两侧粘贴。粘贴时向下包裹下巴，向两侧包裹脸颊。

  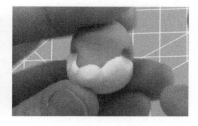

03 取米粉色黏土揉成一个圆球再压扁一面成一个半球粘在鼻尖前端。再用丸棒戳出眼睛的位置。

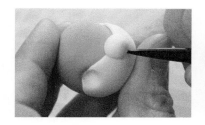  

04 用棒针在小半球的下面中心位置压一下，再用黏土三件套中的压痕刀划出小鹿的嘴巴。

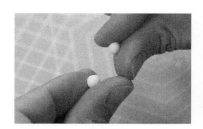 

05 取白色黏土揉成圆球，粘在小鹿的眼睛凹槽处。

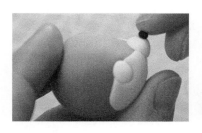  

06 取黑色黏土揉成圆球，粘在小鹿的鼻尖和眼睛上。

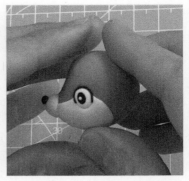

07 取黑色黏土搓成细条，围着小鹿眼睛的上半段粘贴做上眼线。然后取白色黏土揉成小圆球粘在眼球上做高光。

08 取黄褐色黏土揉成梭形再压扁。用丸棒在中间压出凹槽，填补上梭形片状的黄色黏土，做小鹿的耳朵。

09 把耳朵粘在小鹿的头顶两侧。用棒针压一下耳根处使其黏合紧密。

穿着花衣裳的鹿小姐

小鹿的身体鼓鼓的，乖巧的端坐在地上。

在做小鹿的斑点时，可以用黄色的黏土揉成一个个的小圆球，然后压平粘在小鹿的身体上。

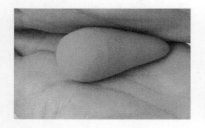

10 取黄褐色黏土揉成一个胖水滴，把胖水滴的尖端掰弯，做出小鹿的身体和脖子的形状。

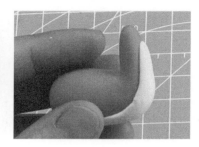

11　取黄色黏土搓长条再擀成片，将一端捏尖贴在身体前、下面做小鹿的肚皮。

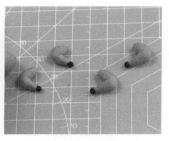

12　取两个相同大小的黄褐色黏土揉成两个长水滴，做小鹿的四肢。在四肢上装上黑色黏土圆球做的蹄子。最后将四肢掰弯。

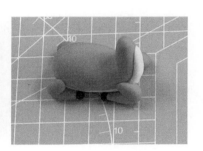

13　用剪刀把四肢根部内侧斜剪一下，再把四肢粘在小鹿的身体上。

14　给小鹿粘上斑点（取米粉色黏土揉成圆压扁粘在身体上）。以做耳朵的方法做条小尾巴，粘在小鹿的身体后边。

戴着小花的小鹿

可爱的小鹿戴着一朵小花跪在草地上，它的鼻子尖尖的，睁着一双水灵灵的大眼晴，你看它还有点害羞呢。

15 在小鹿的脖子里穿根铁丝。通过铁丝把身体和头连接到一起。

16 用笔蘸黑色丙烯颜料给小鹿画上睫毛和嘴巴。

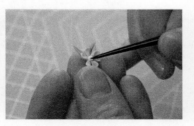

17 做一朵美丽的粉色小花，戴在小鹿的头上。（小花的做法见第 28 页）

18 最后用刷子蘸色粉给小鹿涂上腮红，就完成啦！

4.1.2 小兔子

小兔子身体像小雪人

小兔子的身体白白的、圆鼓鼓的，远远地看去，就像一个小雪人，不过它还有一颗白白的小牙齿呀。

01 取白色黏土揉个椭圆，在椭圆的中部位置用手来回滚动，区分出躯干和头部。

02 用点压痕工具戳出眼窝。取白色黏土揉两个小圆球填补在眼窝。

03 用最小号的点压痕工具戳出嘴巴。取黑色黏土揉小圆球做眼珠和小鼻子。

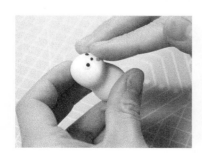 

04 取一点红色黏土填补在嘴巴里，并用点压痕工具压平整。

05 切一块小方形白色黏土薄片，并在中间压一条竖痕。把薄片粘在嘴巴里面做门牙。

捏小兔子的胳膊、腿和尾巴

小伙伴们捏小兔子之前需了解一下它的特征。其一，小兔子的尾巴短且向上翘；其二，兔子的前肢比后肢短，这使兔子更善于跳跃。

06 取白色黏土揉成一个长水滴做小兔子的胳膊和腿，后腿比前腿长且弯曲一下。

07 取白色黏土揉搓个小圆球做小兔子的尾巴。

小兔子长长的耳朵竖起来

由"雪人"变成小兔子只需一对长耳朵，竖起的长耳朵是小兔子的特征哦。

08 取两块相同大小的白色黏土揉成水滴，用棒针尖端在水滴中间压出凹槽。

 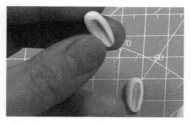

09 把凹槽部分用色粉涂上粉嫩嫩的颜色，做兔子的耳朵。

10 在兔子头顶两侧戳洞，把做好的耳朵粘在洞里。最后用色粉给小兔子刷上腮红，可爱的小兔子就做好啦！

胡萝卜给你吃

软萌可爱的小兔子与鲜嫩的胡萝卜组合之后，这个作品就像加上了一道可爱滤镜，小兔子更萌了。

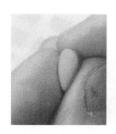  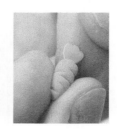  

11 取橙色黏土揉成一个小水滴，再用黏土三件套的压痕刀划上压痕，粘上绿色黏土捏成的叶子，就是小胡萝卜啦。

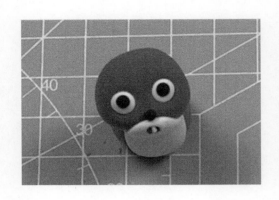

小松鼠有小巧的身体

萌萌的小松鼠体形细小，捏制它的外形时需做的
小巧些。再加上大眼睛、小牙齿，使小松鼠呆萌、
可爱。

01 取棕色黏土搓个椭圆形，用制作小兔子身体的方法捏出小松鼠的身体形状。用手在黏土上左
右滚动，区分出小松鼠的头和躯干。注意要将小松鼠的躯干调整得细小些。

02 取白色黏土搓成长条再压扁，粘贴在躯干及脸下部的正面做小松鼠的肚皮。

03 用棒针和点压痕工具戳出
眼窝和嘴巴。

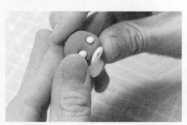 

04 在眼窝里填补上用白色黏土揉成的圆球。再用黑色黏土揉成的圆球做眼珠和小鼻子。

  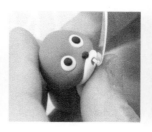 

05 取红色黏土把嘴巴填上，用点压痕工具压整齐。再取白色黏土做一颗小牙齿，粘在嘴巴上。

贴上小耳朵和小短手

小松鼠的腿短短的，手小小的，耳朵尖尖的。注意因为小松鼠是蹲坐在地上，所以它的腿有一定弯曲。

06 取棕色黏土揉两个小水滴，再用棒针在中间压个小凹槽，粘在头顶两侧做小松鼠的小耳朵。

07 取棕色黏土搓两个小条做小松鼠的胳膊，再搓两个略粗的小条并掰弯做小松鼠的腿。

小松鼠甩着大尾巴抱着小榛果

长长的、毛茸茸的大尾巴是小松鼠的特征。小榛果是松鼠最爱的食物，当它甩动这大尾巴，抱着心爱的榛果望着你时，你是否会被萌到呢？

08　取棕色黏土揉成一个略圆润的梭形，并稍微弯曲一点。用抹刀在较粗的位置划上划痕，这是小松鼠的尾巴。

09　深棕色黏土揉成一个小小胖水滴。再取更深的棕色黏土揉圆球压扁粘在胖水滴顶端，用棒针戳出肌理，做出一颗小榛果。

10　取黑色黏土做出小松鼠的眉毛和胡须，分别是搓成粗短条和很细的小长条，最后在眼睛、鼻子、榛果上刷一层亮甲油，可爱的小松鼠就完成啦！

4.1.4 小鸟

圆脑袋的小鸟

小鸟的有着一身鲜艳的黄色羽毛，它圆圆的头上睁着圆鼓鼓的眼睛，尖尖的嘴巴亮着光芒。这样圆鼓鼓亮着尖嘴的小鸟"凶"得可爱呢。

  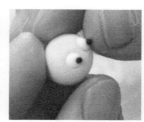 

01 取黄色黏土揉成圆球做小鸟头部，用丸棒压出眼窝，再填上白色黏土做的眼球和黑色黏土做的眼珠。然后在两眼中间粘上橙色黏土做的三角的嘴巴。

02 取黄色黏土揉些细长的小水滴粘在头顶做小鸟的呆毛。

小鸟有圆滚滚的身体

小鸟身体和它的头一样圆滚滚的，就像两个小小的蛋黄拼在一起。它和小松鼠一样，也有一个白白的小肚皮。

03 取黄色黏土揉一个小圆球做小鸟的身体，并和脑袋粘到一起；再取白色黏土揉成圆球压扁，做小鸟的肚皮，贴在身体前侧。

扑扇翅膀、展开尾羽向上飞行

小鸟的羽毛鲜艳且漂亮，我们给它做蓝紫色的翅膀和绿色的尾巴。

04 取两块蓝紫色黏土揉成胖水滴再压扁，用剪刀剪出翅膀的形状，粘在身体的两侧。

05 取绿色黏土揉成胖水滴再压扁，用黏土三件套的压痕刀压出羽毛形状，做小鸟的尾巴。要用剪刀将尾端稍微剪开些。

06 取橙色黏土揉小水滴粘在身体下，用剪刀剪出小爪子的形状最后给小鸟刷上腮红，就完成了。

 白雪公主的小矮人伙伴

在森林里，白雪公主遇到了善良的小矮人，在小矮人的热情邀请下，白雪公主在小矮人的小木屋里住了下来，森林里又会发生怎样的故事呢？

黏土颜色

工具 丸棒、黏土三件套、点压痕工具、剪刀、七本针、棒针、擀杖、丙烯颜料、金色丙烯颜料、铁丝、眼影

长着络腮胡的小矮人

小矮人有一圈白白的胡子，他还有一个大大的、圆圆的鼻子，既可爱又滑稽。

01 取肤色黏土揉成圆球稍稍压扁，将食指和拇指分别放在二分之一处和底端，压出眼窝和下巴。调整，做出小矮人的脸。

 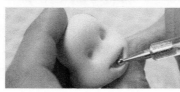

02 用丸棒压出眼窝，再用黏土三件套中的压痕刀压出嘴巴并掏空，最后用点压痕工具调整嘴形。

 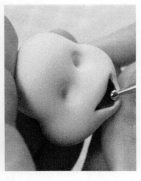 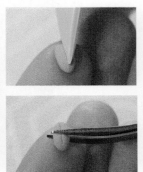 

03　取深红色黏土填入嘴巴里，用点压痕工具压平。取粉红色黏土揉成椭圆压扁，在中间压一道划痕，并将一端剪平，做小矮人的舌头。

04　用白色黏土揉成圆球填补在眼眶里做白眼球，在白眼球上粘上黑色的眼珠。再取肤色黏土揉一个大一些的圆球粘在双眼之间做鼻子。

05　取黑色黏土搓成细条粘在白眼球上半部分做小矮人的眼线。

 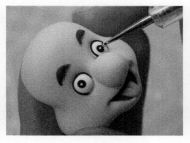 

06　取棕色黏土搓出两个两端细中间粗的条，做小矮人的眉毛。取白色黏土点在黑眼球做高光。

07 取白色黏土搓成两端尖的条做小矮人的胡子。粘在脸下方一圈，用七本针戳出毛毛的感觉。

精干的小矮人

小矮人的身体小小的、短短的，穿着红衣服和绿裤子，腰间系着一个黑色的腰带。在做小矮人的身体时，可以适当地把它的身体做的短小一点。

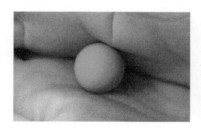  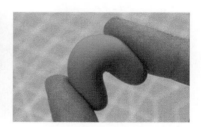

08 取绿色黏土揉成圆球再搓成长条，注意长条要两端细中间粗。在长条中间掰弯，做小矮人的双腿。

09 用棒针和黏土三件套中的压痕刀分别压出小屁屁和裤子前边的拉锁。

 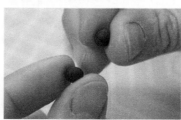

10 用棒针在裤口压出圆形凹槽。取黑色黏土搓两个小圆柱填到凹槽内做小矮人的袜子。

11 取棕色黏土揉成圆球，再将一端搓尖变成水滴，将水滴轻轻压扁；用压痕刀划出划痕。这就是鞋子的大形了。

12 用棒针压出鞋窝，把腿和鞋子粘到一起。

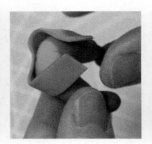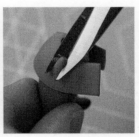

13 取红色黏土擀成薄片，用长刀片将薄片切成方长条；其中一短边以拉锁为准将薄片围腿上部一圈。围上之后将多余的黏土用剪刀剪掉。

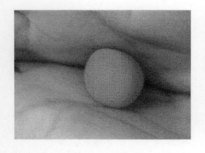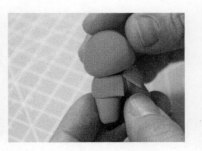

14 继续取红色黏土揉成一个胖胖的球，捏住胖球的两侧并将下方抹平，做小矮人的躯干。

   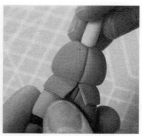

15 在躯干顶端中间位置戳个洞，粘上用肤色黏土搓成长条做成的脖子。在躯干的中间划上痕迹，做成衣服的中缝。

 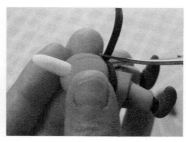

16 取黑色黏土，最终切出一块整齐的长条薄片，将黑色长薄片围在小矮人腰间，将多余黏土剪掉。

17 再取黑色黏土搓一条细线，在腰带前面中央位置围一个方圈。

18 在衣服中缝右侧粘两个红色黏土小圆球，再用点压痕工具戳出圆形凹槽，两颗衣扣就做好了。

张开双手送出拥抱

小矮人的手短短的。他张开了自己的双臂，仿佛在迎接远方的朋友。

 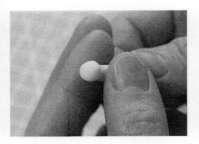 

19 取肤色黏土搓成长条，手指在长条的三分之一处来回滚动最终分出手和胳膊，再压出手掌。

20 用剪刀剪出五根手指，再将指尖剪细，可用抹刀工具把手指抹平滑。

21 擀一块红色黏土薄片，用长刀片切整齐；将薄片围在做好的胳膊上，将多余的黏土剪掉，并在胳膊内侧斜剪一刀。

 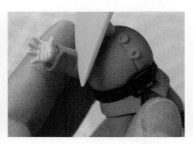 

22 将双手以手掌向前的伸展姿势粘在身体上，用黏土三件套的压痕刀在胳膊上压出衣褶。

23 用金色丙烯颜料将腰带上的环扣涂上金色。

给小矮人做小丑帽

给小矮人配上一顶尖尖的小丑帽，配上脸部表情真的很有趣。

制作帽子要注意夸大帽子的长度，帽檐的大小依据小矮人的头顶大小做决定。

  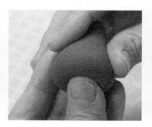 

24 取棕色黏土揉成圆球，再揉成水滴，用拇指将底部压平，另一只手捏出帽子尖端。

25 将帽子尖端向一侧弯曲，底部用手指向外捏薄使中间有一个凹槽，做成帽子的形状，再用棒针压出帽褶。

26 把做好的帽子粘在头上。

27 在帽子尾部插上一根铁丝。铁丝另一端插上黑色黏土揉成的小圆球。

28 在脖子插上铁丝，把脑袋和身体连接到一起。

29 把帽子上的小圆球及铁丝涂上金色丙烯颜料。在鞋子上也画上金线。

30 给帽子表面涂上一层棕色颜料。用眼影给小矮人涂上腮红。

在草地上的小矮人

伸开双手，表示欢迎的小矮人站立在草地上，小矮人会迎来哪些朋友呢？

31 取黄褐色黏土揉成圆球擀扁，再在周围围一圈绿色黏土。用七本针把绿色黏土戳出肌理，制作出草地的效果。在小矮人腿里插上铁丝，再把小矮人固定在草地上。

 美丽的白雪公主

穿着一身公主裙的白雪公主来到了一片森林，宛如森林里的一个小精灵。

黏土颜色	
特殊黏土颜色	
工具	棒针、压板、擀杖、长刀片、剪刀、黏土三件套、切圆工具、波纹剪刀、点压痕工具、抹刀、丙烯颜料、画笔/刷子、金色丙烯颜料、色粉、铁丝
特殊工具	树皮硅胶模具

冰肌玉肤的白雪公主

小公主刚刚诞生的时候，皮肤白得像雪一般，双颊红得犹如红苹果，国王给她取名"白雪公主"。

白雪公主的皮肤制作提示

白雪公主的皮肤白皙，比普通的肤色更白一点，所以要在肉色黏土里加一些白色黏土进行混色。

01 将调色后的肤色黏土揉成圆球再稍稍压扁，用手指捏出脸颊和下巴的形状并调整平滑。把食指放在脸的二分之一处，拇指捏住底端进行挤压，这时眼窝和下巴就捏出来了。

02 捏出眼窝中间的鼻子，把小鼻子捏翘起来。最后反复调整好脸形。

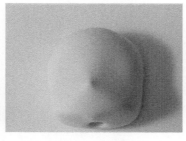

03 用棒针在下巴后面戳一个洞，是脖子连接的位置。

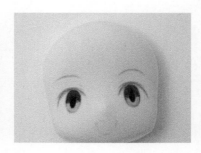

04 待脸晾干之后用铅笔勾出画眼睛和嘴巴的线稿。

05 给五官上色。先用浅蓝色颜料平涂眼瞳，再用深蓝色颜料叠画半部分。

06 用黑色颜料画出瞳孔。

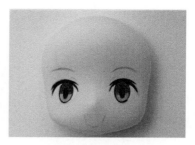

07 用黑色颜料勾出眼瞳的边线。

08 继续用黑色颜料勾画眼线。

09 用白色颜料平涂出眼白。

10 用棕色颜料勾画细细的眉毛，并用灰色颜料画出眼线下方的阴影。

11 用红色颜料平涂嘴巴。

12 用棕色颜料勾画嘴巴的边缘线。用白色颜料点出眼瞳上的高光以及画出嘴中的牙齿。用色粉涂眼影和腮红。

短直发发片制作

取黑色黏土搓一个长长的长条形，然后用压板把它压平。

用刀片在压平的薄片上切出头发的纹路，然后用手捏出一定的转曲。

注意

1. 发片的大小有区分。贴在后脑底部的发片小且短，贴在头顶的发片大且长。

2. 头顶发片两端要平整。头顶发片以中线为其点向两侧粘贴，所以需两端平整才不会有缺口。

从底层开始贴发片

13 选小一些的发片在后脑底部贴一圈。

选两端平整的发片贴头顶

14 选两端平整的发片从头顶粘贴。注意两点，一是发尾要整齐；二是头顶发片的接缝整齐。

贴补后脑勺

15 继续往后把头顶头发贴满。

16 取黑色黏土揉成圆球，用剪刀在黏土表面剪下一片；用黏土三件套的压痕刀压出纹路，做刘海发片粘在头顶前方。

17 擀出黑色黏土薄片切成细条，为白雪公主加几缕细长且飘逸的头发。

18 取黑色黏土擀成长条，用小号切圆工具压出图中形状，用剪刀将顶部修正，多余部分的切掉。

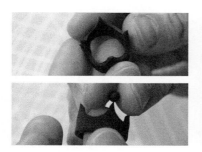

19 把做好的形状围成一圈，顶部粘上用黑色黏土揉成的小圆球。再剪去一个尖尖，王冠的基础形就出来了。

20 然后涂上一层金色丙烯颜料，王冠就完成啦！

穿上高跟鞋站起来

白雪公主的腿长长的、白白的，穿上高跟鞋她就
能去找他的白马王子啦。

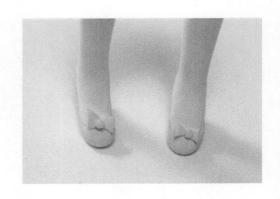

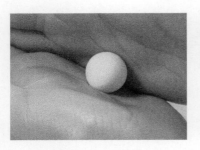 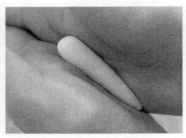 

21 用制作脸的肤色黏土揉成圆球，再搓成一头细一头粗的长条。

22 从细端开始先将其弯曲一个角度，捏出脚丫子的形状。

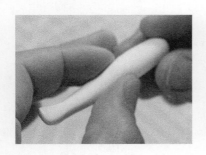 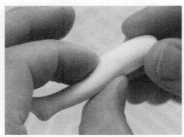 

23 然后找到膝盖的位置用手指捏住两侧轻轻挤压；调转方向食指向上推，拇指向下推，捏出膝盖，
分出大腿和小腿。

24 用手指捏出后脚跟、脚踝，再用拇指尖压出脚心。

25 取白色黏土捏一个三角，把做好的腿的大腿内侧用剪刀侧剪一刀，和做好的三角粘接到一起。

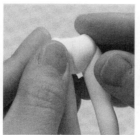

26 用黏土三件套中的压痕刀压出白雪公主的小屁屁，再把三角上端多余的黏土剪掉。

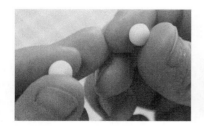

27 取黄色黏土揉成圆球，再搓成圆柱，用棒针在圆柱中间滚动，最后压平粘于脚底。

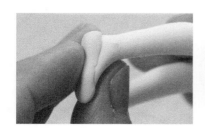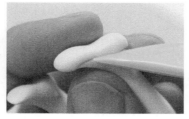

28 将黏土慢慢向上搓包住脚。将边缘调整整齐。

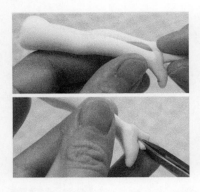
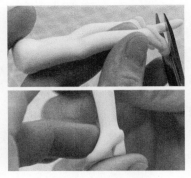

29 取黄色黏土搓成条，竖向粘到鞋底后跟做鞋跟，要用剪刀口平齐脚尖鞋底，把多余的后跟剪掉，最后调整好形状。

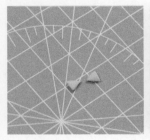

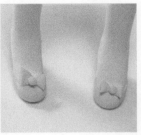

30 取黄色黏土切出两个小三角拼到一起，做成蝴蝶结粘到鞋子上。再取黄色黏土揉成小球，压扁粘在蝴蝶结中心。

穿上公主裙

白雪公主的长裙是蓬蓬裙，是红黄蓝三色的。蓝色是主色，裙摆中间一层叠一层的是金黄色的花边，使裙子华丽精美。为了体现裙子的华丽，蓝色黏土和红色黏土我们使用了亮粉黏土。

31 取黄色黏土擀薄片，用长刀片切出边线有弧度的梯形，边缘用波纹剪刀剪出花边。

  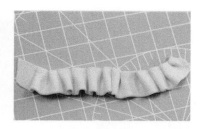

32 再取一块黄色黏土擀薄片，切出若干长方形薄片，待半干的时候折出花边，要多折一些出来。

 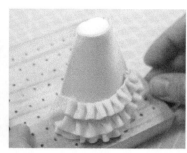 

33 把折好的花边从下开始一层一层粘在先前切好的黄色梯形薄片上。粘贴前将黄色梯形薄片围在做好的双腿上，固定出蓬蓬裙的弧度。

34 同理取蓝色亮粉黏土擀薄皮，切出底边有弧度的梯形并简单折点裙褶。以褶皱内扣的形式将蓝色裙片围在身体后方，蓬蓬裙就很好了。

 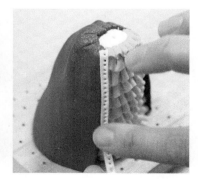 

35 取白色黏土擀成长条薄片并将边缘切整齐，再用点压痕工具压出小花边。切下花边粘在蓝色裙片边缘装饰裙子。

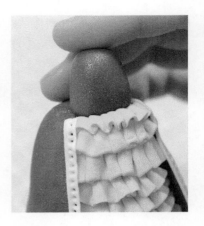

36 取蓝色亮粉黏土搓成圆柱，将底部剪平，做白雪公主的躯干，粘在蓬蓬裙上面。

37 在躯干上端戳个洞，粘上用调白的肤色黏土搓成的脖子，过长的部分剪掉。

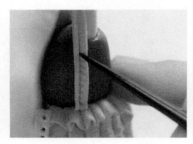

38 切两块白色黏土薄片粘在身体前面做装饰花边。先用黏土三件套中的压痕刀在白色薄片中间压痕，再用棒针在压痕两侧压褶皱。

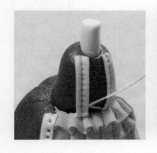
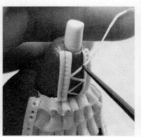

39 取白色黏土搓成细条，以交叉的方式粘在衣服前边做装饰。

40 取红色黏土擀成薄片并剪出一个娃娃领，粘在衣领处。在红色黏土薄片上切出一条细条围腰一圈，将多余的黏土剪掉。

做白雪公主的手臂

白雪公主的手也像她的皮肤一样白白的，衣领处有一个白色的小花边。注意白雪公主的右手要向上托起，这样方便她能托起苹果。

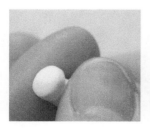

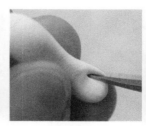

41 取调白色的肤色黏土搓成长条，再用手捏出手掌和手臂。用剪刀在手掌区域剪出五根手指。

42 再用抹刀将手指抹光滑，一双白皙的小手就完成了。

43 取蓝色亮粉黏土搓成长条，做白雪公主的衣袖。将其中一条长条弯曲，再用棒针在两个衣袖袖口各压一个洞。

44 取白色黏土最终切出方形薄片，折出花边，粘在袖口。把之前做好的手剪下来，和袖子粘到一起。

45 在做好的胳膊手肘上方用剪刀剪平。再用蓝色亮粉黏土做两个小圆锥形各拼接到两个胳膊上面。用棒针在连接处压上衣褶，做出华丽的蓬蓬袖。

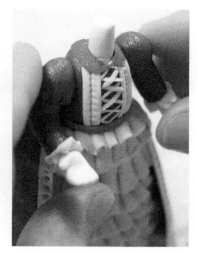

46 在蓬蓬袖内侧斜剪一刀，将手臂粘在身体上。

白雪公主得到红苹果

善妒的王后知晓白雪公主并没被猎人杀害，便带着红彤彤的毒苹果来到森林，骗白雪公主吃下这颗红苹果。善良的白雪公主会吃这颗红苹果吗？小矮人和森林里的伙伴又会如何呢？

47 取白色黏土揉成圆球，压出凹陷做出苹果的形状。

48 用色粉和颜料在白色黏土表面刷上红色。取棕色黏土做成苹果瓣儿并粘上。

49 在脖子处插上铁丝，把白雪公主的头和身体连接到一起。将红苹果放在白雪公主手心。

森林的朋友们来相聚

白雪公主的朋友们都来了，它们告诉白雪公主不要吃下毒苹果。恶王后的阴谋没得逞。白雪公主和朋友们在森林里欢快地庆祝。

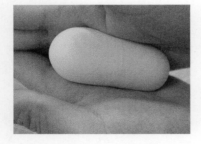

50 取肤色黏土搓成圆柱，在顶端划上树的年轮。

51 取棕色黏土擀成片，取出树艺硅胶磨具在薄片上压出树皮的纹理。

52 将压好纹理的棕色黏土薄片切整齐，包在做好的圆柱上做树皮。

53 包住之后剪掉多余的部分，调整好接口，树桩就做好了。

54 把做好的白雪公主、小矮人、小松鼠、小兔子、小鸟和小鹿都固定到草地上。

第5章

小美人鱼的浪漫海洋

美丽的小美人鱼生活在一片蓝色的大海里，海里有美丽的贝壳和珊瑚，还有美人鱼的好朋友比目鱼和大红蟹，它们一起玩闹嬉戏，每天过得十分开心。而美人鱼的故事就从这片神秘的大海开始，这片大海会发生些什么呢？让我们一起去看看吧。

5.1 美丽的海底世界

小美人鱼生活在美丽的海底世界里，那么海底世界究竟有什么呢？

黏土颜色

特殊黏土颜色

工具 压板、长刀片、牙签、抹刀、丸棒、黏土三件套、剪刀、棒针

5.1.1 海草

海草有很多种，每一种都有自己的特点。我们可以用不同的方法做出来。在这里，我们先来做三种海草吧。

波浪叶海草

01 取绿色黏土搓成条，将一端搓细些，用压板将长条压扁。

02 用长刀片的背面在薄片中间压出海草的纹路，再用手把边缘捏成波浪形。一片波浪叶海草就做好了。

03 多做一些长短不一的海草，粘在一起。

圆形叶海草

04 同理取绿色黏土搓出一端粗一端细的长条。再用牙签在长条上间隔地压出图中的形状。

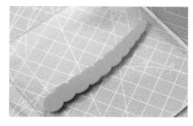  

05 用压板将长条压扁，再用长刀片的背面在薄片中间划出痕迹。由此方法做两条圆形叶条海草，并将它们组合到一起。

长状海草

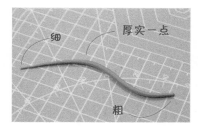  

06 取绿色黏土搓一头粗一头细的细长条。用同样的方法多搓点长短不一样的细长条。将搓好的细长条粗端粘到一起。

5.1.2 贝壳

在大海里有许多种贝壳，现在就让我们一起做两种既简单又可爱的贝壳吧。

珍珠贝壳

01 取白色黏土揉成圆球再压扁，将黏土调整成三角形的贝壳形状。

02 用抹刀压出贝壳上的痕迹，再用丸棒在另一侧压一个圆形凹槽。同理再做一个，把两个拼接到一起。

03 可以放一颗小珍珠在里面。就更像真的贝壳啦！

螺旋纹贝壳

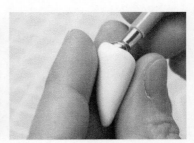

04 取白色黏土搓圆球，再揉成水滴，将胖的这端用丸棒压出凹槽。

听海的声音

05 用黏土三件套的压痕刀划出贝壳上的螺旋纹路。

在大海里有很多漂亮的珊瑚，它们五颜六色的，在水里格外显眼。今天我们主要学习三种珊瑚的做法。

树枝状珊瑚

01 取橙红色亮粉黏土揉成水滴，用剪刀剪出珊瑚的主干分枝。

02 在珊瑚的主干分枝上再次分剪小枝，用手把每个小枝调整好。

长管状海绵

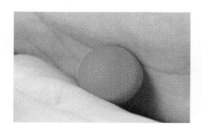 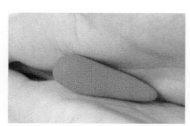 

03 取红色黏土揉成圆球，再揉成长水滴。将长水滴纵向对半剪开，再剪出珊瑚枝。

04 在珊瑚枝顶部用棒针戳洞，珊瑚就做好了。再做一个小的珊瑚，和大的粘在一起。

短管状海绵

05 取紫色亮粉黏土揉成圆球，再揉成水滴，粗端用棒针戳洞。

06 按上步多做一些大小不一的，将细端粘到一起。

5.1.4 礁石

01 取各种深色黏土随便混色，揉成圆球，再用压板压扁。

02 再用黏土三件套中的压痕刀在深色圆片边缘划出划痕。照此多做一些大小不一样的圆片，叠加在一起。

 小美人鱼的朋友们

美丽的海底世界生活着许多可爱的小伙伴，其中大红蟹和小比目鱼是美人鱼最好的朋友，它们和小美人鱼在一起玩闹嬉戏，生活十分快乐。

黏土颜色

工具　抹刀、压痕刀、擀杖、棒针、剪刀

5.2.1 小丑鱼

今天我们要做的是两条萌萌的小丑鱼。

绿色小丑鱼

小比目鱼绿绿的身体

绿色小比目鱼身体扁扁的，就像一块光滑的鹅卵石。

01　将绿色黏土揉成胖水滴再压扁，做出小鱼身体的雏形。再用抹刀划出鳃，压出嘴巴。

水里游需要小鱼鳍

绿色小丑鱼穿着一件花斑点的衣服，加上鱼鳍和小尾巴，它就能在海里自由地遨游啦。

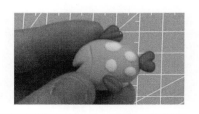

02 取黄色黏土揉成小圆球，将小圆球粘到鱼身上并压扁，做斑点。

03 取红色亮粉黏土做颗小爱心。将小爱心粘到鱼身后面做尾巴。

04 取红色亮粉黏土揉成水滴，压扁。用压痕刀划出鱼鳍纹理，再粘在身体上做鱼鳍。

小丑鱼有鼓鼓大眼睛

红蟹："你每天眼睛睁得那么大，不用睡觉吗？"

绿色小丑鱼："要呀，睁着眼睛睡觉呀！"

05 取白色黏土揉成两颗小圆球，粘在鱼儿的嘴巴之上做眼睛。再用黑色黏土揉成小圆球做黑眼珠。

黄色小丑鱼

圆鼓鼓的小黄鱼

我们下面要做的黄色小丑鱼身体鼓鼓的，嘴嘟嘟的，它身体的花纹和小绿鱼不一样哦。

06 取橙色黏土揉成圆球稍稍压扁。取粉红色黏土揉成圆球压很扁。将粉色圆片粘在黄色扁球一端。再取粉色黏土切一条长形薄片粘在身体中央一圈。

07 取橙色黏土揉两个小水滴，尖端拼在一起，做鱼儿的嘴巴。

贴鱼鳍和尾巴

这里鱼鳍和尾巴的做法和小绿鱼的做法相类似，注意黏土的颜色是亮亮的橙红色哦。

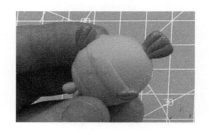

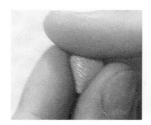   

08 用橙红色亮粉黏土揉出三角形，再用压痕刀划上鱼鳍纹理做鱼尾。

09 再揉两个小一些的橙红色水滴，粘到鱼背和鱼肚上做鱼鳍，依旧需要划上纹理。

做一只快乐的小黄鱼

鱼没有眼睑，所以它睡觉的时候不能闭上眼睛。它有时在暗处睡觉，有时钻进沙里或是分泌的泡泡里睡觉，有时还会边睡边游，有各种不一样的姿势，它们就这样自由自在地生活着。

10 取白色黏土揉两个小圆球做鱼儿的眼睛。再取黑色黏土揉小圆球做黑眼珠。

它是红彤彤的螃蟹小哥哥

大螃蟹的嘴圆圆的，露出两颗尖尖的小白牙。它的全身红红的，远远地看过去，就像一个发酵的小面团。

01 取红色黏土揉成圆球，用棒针或丸棒戳出一个圆洞凹槽做嘴巴。

02 在嘴巴里填上黑色黏土，并用棒针将黑色黏土抹平。取白色黏土揉两个小水滴粘到嘴巴里面做小牙齿。

大红蟹，横着走

比目鱼："大红蟹，你为什么总是横着走呀？"

大红蟹："因为我的足关节向下弯曲，腿不能向前行动，所以我只能横着走呀。"

03 取红色黏土搓小长条，将长条粘在大红蟹的身体下边做螃蟹的腿。

  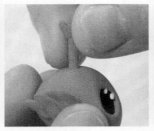 

04 再取红色黏土搓两个小长条，将一条小长条弯曲成月牙状并与另一长条拼接做成钳子。将钳子粘在大红蟹的身上两侧。

看到小美人鱼，大红蟹害羞了

大红蟹的眼睛像望远镜一样大大的，位置高高的。它每天和小美人鱼玩得十分开心，它还有一个粉扑扑的脸蛋呢。

05 取红色黏土搓一条长条，取白色黏土揉成小圆球。将长条和小圆球连接，再一起粘在身体上做螃蟹的眼睛。

06 在眼睛上粘上黑色黏土做得黑眼珠，取粉色黏土给大红蟹做两个腮红。

 5.3

善良的小美人鱼

小美人鱼是"海王"最小的女儿，无忧无虑生活在大海中。她有天使般美丽的容貌和夜莺般动听的歌喉。

黏土颜色

特殊黏土颜色 特殊黏土 白色树脂黏土

工具 棒针、剪刀、擀杖、长刀片、压迫针、抹刀、乳白胶、丙烯颜料、画笔／刷子

特殊工具 画框

美人鱼长什么样呢？

小美人鱼有着天使般美丽的面庞，一双蓝绿色的水汪汪的大眼睛仿佛会说话。她的脸颊粉扑扑的，模样可爱极了！

 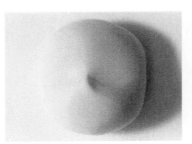 

01 取肤色黏土揉成圆球稍稍压扁，在二分之一处压出眼睛的位置。用手压出眼窝，向中间推出小鼻子。反复调整脸型，调整好之后，在脸的下边戳个洞，等待晾干。

02 等晾干之后用铅笔起稿五官。

03 先从瞳孔开始上色调出浅浅绿色颜料，为眼瞳打底。

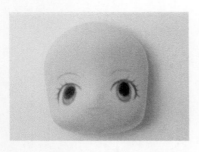

04 再调深绿色颜料，加深瞳孔的颜色。

05 再用黑色颜料画出瞳孔。

06 用黑色颜料勾画眼瞳的边线。

07 继续用黑色颜料勾画上眼线和睫毛。

08 用白色颜料平涂出白眼球。

09 调灰色颜料在上眼线下绘制阴影。再用棕色颜料勾画眉毛和双眼皮。

10 用红色颜料平涂嘴巴。

11 用棕色颜料勾画嘴巴边线。用白色颜料画眼睛的高光。用色粉画上腮红和眼影。

给小美人鱼做一头金黄色的头发

小美人鱼是海里最小的公主，她留着金色的长头发，比姐姐们都漂亮。她最喜欢听姐姐们说许多海面上的新鲜事，她常想着，有一天能自己到海面上看看。

贴后脑勺

  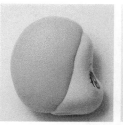 

12 取黄色黏土揉成圆球，用拇指在圆球上压出凹槽。将这块黏土包在脸的后面做后脑勺。

13 取肤色黏土揉出两个小水滴。在用棒针纵向压出凹槽。用剪刀将水滴圆端剪平，装在脸两侧做耳朵。

长波浪发发片的制作

发片的制作有几种不同的方法，根据人物的形象来决定，下面来介绍小美人鱼的金色大波浪头发的制作方法。

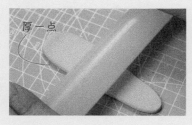  

先取黄色黏土搬成一个稍厚一点的长条形薄片，然后用长刀片背面压出头发的纹路，最后把切成宽度均匀的细长条。

  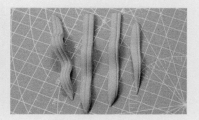

用剪刀把发片一端剪成尖尖的，然后用手把每个发片捏成轻微的波浪状。

从底部开始贴发片

14 先从后脑勺最底部粘第一层的发片。因水的浮力,头发整体会向一侧飘动。

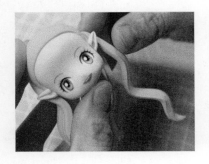

15 再在靠中间位置粘第二层的发片。依旧将头发向一侧偏。

贴头顶的长发

16 最后贴头顶的头发。粘这部分发片时注意依着发际线整齐粘贴。

美人鱼生活在海里,她的头发会随水摆向同一个地方

这里的头发要贴的有层次感

17 依次将头发粘整齐。

贴前额的刘海

18 刘海要比后面头发短一些，可以用剪刀剪去过长部分，粘在头前边。

小美人鱼有长长的尾巴

小美人鱼正在海边玩，突然发现一位王子溺水了。小美人鱼奋力游过去救活了这位王子。

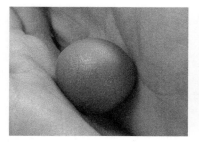  

19 取绿色亮粉黏土揉成圆球，再揉成长水滴。

制作鱼尾的要点

要点一：美人鱼鱼尾与腰身之间的部分和鱼尾都是薄薄的半透明的，我们可以用白色树脂黏土加入了一点点绿色丙烯颜料。

要点二：鱼鳞的花纹是半圆形，在做鱼鳞的花纹时，可以根据想做出的花纹的大小选择合适的圆形工具来做，例如：笔盖、吸管或压迫针。

20 将水滴圆头压平，再弯出美人鱼的坐姿。

21 用压迫针压出美人鱼的鱼鳞。

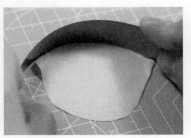

22 取白色树脂黏土混一些绿色丙烯颜料，将混色好的黏土擀片，剪出两片叶子形状。

23 将树叶形的薄片一端折一下粘到美人鱼的尾巴末端。

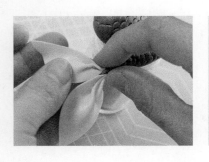

24 左右各粘一个，调整好形态。

小美人鱼的身体

小美人鱼有着白雪般洁白的皮肤，她和人类一样有着长长的脖子和纤细的上身，穿着一件用贝壳做成的衣服，在阳光下闪闪发光。

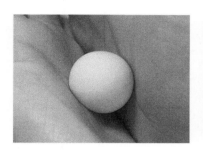
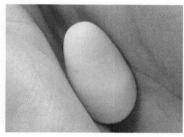
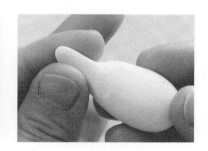

25 取肤色黏土搓成圆柱，将一端捏出脖子。

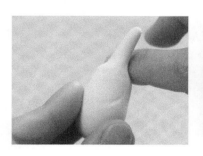
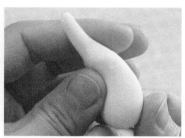

26 用食指捏出脖颈的外形，再用拇指将后背挤压出身体的姿态。

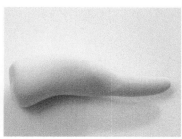

27 用剪刀将身体下端剪平。

28 把身体和尾巴粘到一起。

29 用做尾巴的树脂黏土薄片切成长条，折出个花边。

30 将折好的花边粘在腰上一圈，调整好形状。

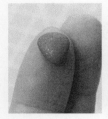

31 用红色亮粉黏土揉成水滴再压扁，用抹刀压出贝壳纹理。这样做两个小贝壳。

32 将贝壳粘在美人鱼身体前边。

给小美人鱼做双手吧

小美人鱼在海面玩耍，碰到了一位溺水的人类王子。她费了很大的力气才把王子救到岸上，人鱼公主摸着王子说："王子，快醒醒吧！"

33 取两块相同大小的肤色黏土揉成圆球，再搓成长条。用手捏出手掌。

34 调整好手掌的姿态，并在合适位置压出手肘。

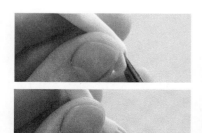
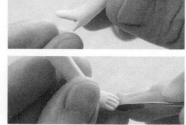
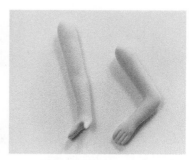

35 先用剪刀剪出拇指，再用剪刀剪出其余的手指。用抹刀调整好形状。胳膊可以做成一直一弯的。

36 用剪刀在大臂内侧斜剪一刀。把做好的胳膊粘到身体上。

一起去海底世界吧

在海的远处，水是那么蓝，像最美丽的蓝色矢车菊花瓣，同时又是那么清，像最明亮的玻璃。这里是一个新的世界，仿佛一座神秘的花园。

这个海底世界，我们用画框来装饰吧。

红色内衣的做法和紫色内衣的做法一样，这里为了整体视觉效果，我们把紫色内衣换成了红色内衣。

37 把头和身体粘到一起。

  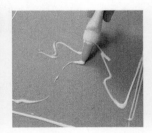 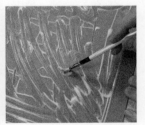

38 取蓝色黏土擀成薄片，擀大一点。把擀好的黏土用乳白胶粘在画框的底板上。

39 粘好之后，如图所示。觉得颜色太单一的话，可以用颜料上些颜色。

40 画框子左右两侧也用蓝色黏土粘上。

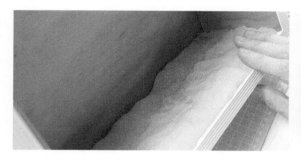

41 用沙子颜色的黏土粘好画框下侧，并用手指捏出一些凹凸起伏的外形。

将鱼贴在斜面黏土上，鱼就有空间感了。

平贴在背景上。

将铁丝连接珊瑚和鱼，鱼可旋转方向。

42 把做的所有海底景观还有小美人鱼和她的朋友们都装进画框吧！如果感觉画面不够丰富，就发挥你的创造力做出更多的海洋小景观吧。一幅美丽的小美人鱼的海洋世界就完成啦！

十二点一到魔法就要消失了！

第6章

灰姑娘去舞会啦

国王为了给自己的儿子选择未婚妻，准备举办一个为期三天的盛大舞会。仙女们给善良、勤奋的灰姑娘变来了漂亮的礼服和南瓜马车。灰姑娘趁着恶毒的继母和姐姐离开后悄悄地变身去参加了舞会。

漂亮的南瓜车

国王下了请帖，请全国所有的姑娘都去参加舞会。灰姑娘的继母和姐姐走了之后，仙女来了。仙女为她变出了去舞会穿的礼服，把南瓜变成了一辆豪华的南瓜车。灰姑娘坐着南瓜车就去参加舞会啦。

黏土颜色 ○ ○ ○ ● ●

特殊黏土颜色 ● ●

工具 棒针、压板、剪刀、丙烯颜料、金色丙烯颜料、波浪剪刀、竹签、长刀片、抹刀、画笔／刷子、乳白胶、硅胶模具、螺旋纹工具

特殊工具 一次性纸杯、树皮硅胶模具、纸壳

一个圆圆的大南瓜？

南瓜车的车厢是一个橙色的大南瓜变成的，它圆圆的，里面是空心的。

空心南瓜的做法

空心南瓜是一个围成球体的黏土片，为了围出球体的形状，我们可以借助一些球体的工具。

这里可以用任何圆球形的工具　　　等南瓜成型以后就将球体取出

01 先将黏土擀成一个稍厚一点的圆片，然后将圆片贴在球体上，围住表面。待黏土定型后再将球体取出。

02 取橙色黏土擀成厚实的片包住泡沫球，做出一个超大的圆球，再用棒针在表面压出南瓜瓣。

03 用长刀片和抹刀切出南瓜车的窗户。

04 南瓜车车厢的基础形状做好之后，等黏土定型后，再把泡沫球掏出来。

做个金色车顶

给南瓜车做一个金色的车顶，就像小南瓜戴了一个小皇冠一样。先用黑色的黏土做出车顶的形状，然后用金色丙烯颜料给车顶上色。

05 取黑色黏土擀成薄片，用花边剪刀剪出一个花边圆，粘在南瓜车车顶。

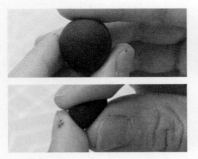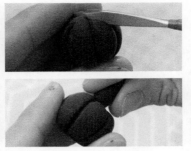

06 取黑色黏土揉成圆球，压出南瓜瓣痕；再搓一个小圆锥、揉一个小圆球，三个小部件粘到一起。

07 取黑色黏土揉成圆球再压扁。把刚刚做的南瓜顶与压扁的圆粘到一起；再整体粘到南瓜车顶上去。用金色丙烯颜料涂上金色。

做一身漂亮的"衣裳"

给南瓜车车厢装饰一下，做上好看的花边。灰姑娘就坐在这漂亮的车厢里面去参加王子的舞会啦。

08 取红色黏土擀成薄片，再折出褶皱，做窗帘。

09 把做好的红色窗帘从车厢下面放进去粘到窗户里面。在南瓜车厢表面刷一层橙色丙烯颜料。

10 取出花纹硅胶模具（没有硬性要求，选你手边就有或喜欢的就好。）压出点花纹装饰在南瓜车厢上。在花纹装饰上刷一层金色丙烯颜料。

11 取黑色黏土搓成条，将长条围在窗户边一圈。给窗框刷一层金色丙烯颜料。

12 搓一些彩色黏土小圆球，将小圆球依次粘到一起，再整体粘到南瓜车厢下部做装饰。

车轮滚滚

给南瓜车做四个金黄色的大轮子，南瓜车就能动起来啦。

13 准备一些一次性纸杯，把纸杯底部刷成黑色，用剪刀把涂黑的杯底剪下来备用。

14 取黑色黏土擀成片，用带有螺旋纹的工具压出纹路。用长刀片将其切条备用。

15 在纸杯底侧面涂上一层乳白胶。将黑色黏土长条粘在纸杯底侧面，围一圈。多余的部分用剪刀剪掉。一个车轮就做好了。同理做四个大小一样的车轮。

16 取黑色黏土擀成片，用长刀片将其切成小细条，粘在车轮上做轮轴。用工具把车轮中间轮轴叠在一起的地方压下去。

17 在车轮表面涂上金色丙烯颜料。

做车板

马车的车板是用木头的，所以在制作车板时需要用到硅胶模具压出树皮的纹理，体现木头质感。因为车板要承重，所以要在黏土中间夹一层纸壳。

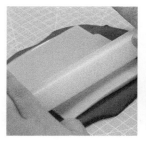

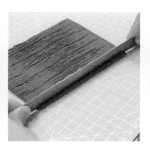

18 取棕色黏土擀成片，再用硅胶压在薄片上再擀一下。用长刀片将薄片四边切整齐。

19 裁切一块与黏土片相同大小的纸板涂上乳白胶，把做好的黏土片粘在上边。

20 再切一些有纹路的薄片长条，把木板的四周也用乳白胶粘上黏土，并将多余的黏土用剪刀剪掉。

给车夫准备了红座椅

车夫的红座椅闪闪发亮的，它有着软软的坐垫和靠背，坐上去舒服极了。

21 取红色亮粉黏土压出一个稍扁的长方体。

  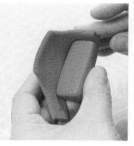 

22 再取红色亮粉黏土擀成片，将长刀片弯取切出图中的形状，并将薄片围在做好的长方体上，做成沙发。

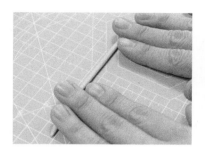  

23 取黄色黏土搓长条，围在沙发背上。

南瓜大变南瓜车

仙女为了帮助灰姑娘如愿地参加王子的舞会，将南瓜变成了南瓜车，它金光闪闪，镶满了各种珠宝，让我们一起去看看南瓜车是什么样的吧。

 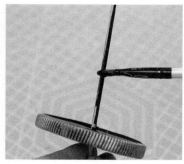 

24 把做好的车轮用竹签从中间穿过。竹签两端各连接一个车轮。将竹签涂上黑色丙烯颜料。

25 取蓝色亮粉黏土揉成圆球再轻轻压扁，粘在竹签两端做装饰。蓝色亮粉黏土外可再粘一小块红色亮粉黏土。

  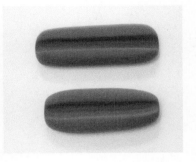

26 搓出两块棕色长条黏土，再用竹签在黏土中间压出凹槽。

 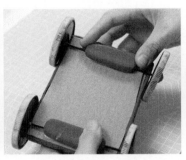 

27 将车轮放到车底并用刚才做的凹槽长条固定。固定时在黏土上涂上乳白胶。南瓜车座就做好了。

28 取棕色黏土在硅胶模具上压出花纹，并把黏土切成长方体粘在车前端。把南瓜车厢和座椅粘到车板上合适的位置。

仙女为灰姑娘变来了漂亮的南瓜马车。灰姑娘的朋友鹅和老鼠变成了车夫和白马，它们驾着马车把灰姑娘带去王子的舞会啦。

黏土颜色

特殊黏土颜色

工具 七本针、棒针、压板、剪刀、黏土三件套、色粉、画笔／刷子、点压痕工具、金色丙烯颜料

6.2.1 鹅车夫

鹅车夫的身体

鹅车夫的脖子长长的、细细的，肚子鼓鼓的，头圆圆的、小小的。

01 取肤色黏土揉成圆球，再揉成水滴。

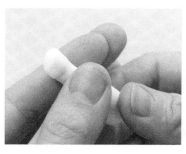

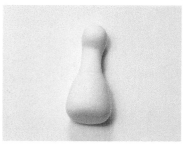

02 用手指在水滴较细部分左右滚动，捏出鹅的脖子。

鹅车夫真可爱

鹅车夫的两个眼睛黑黑的、小小的，嘴巴扁扁的。

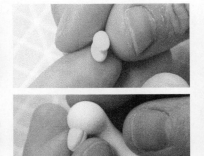
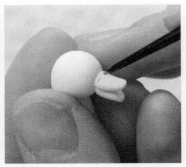

03 取黄色黏土揉成两个椭圆球，轻轻压扁粘到一起。将其一端剪平粘在鹅车夫的头前边。戳出鼻孔后，再将两瓣嘴分开一点儿。

04 取黑色黏土揉成小圆球做黑眼珠。

做双小鹅腿

鹅车夫的腿与上身相比稍微短一点。它的蹼又扁又平，趾头连在一起的，方便行走，也方便划水。

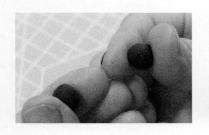

05 取黑色黏土揉成圆球再搓成长条。做两个。

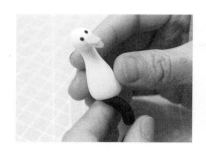 

06 将上一步做的长条粘在鹅车夫的身体下面做腿。

07 取橙色黏土压出鹅的脚掌的形状。把做好的脚掌粘在腿下面。

鹅车夫有帅气的西装

给鹅车夫穿上一身黑色的帅气西装，它将驾着漂亮的南瓜马车送灰姑娘去参加王子的舞会。别忘了它脖子上还有一个黑色的领结哦。

08 取黑色黏土擀成薄片，用剪刀和长刀片剪切出衣服的形状，围在鹅车夫的身体上。

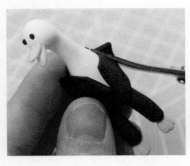

09　衣服围好后把多余部分的剪掉。再剪个黑色细长条围在脖子处做衣领。

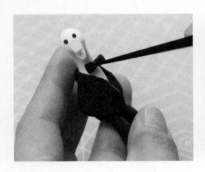

10　取黑色黏土做个蝴蝶结小领结。领结的纹理要用工具压出来。

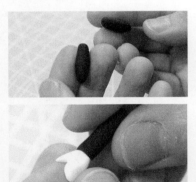

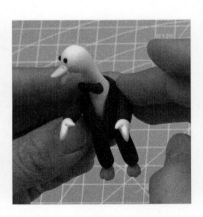

11　取黑色黏土揉成圆球再搓成长条做胳膊。取白色黏土揉成圆球再轻轻压扁，用剪刀剪出手指。把手和胳膊连接到一起。将大臂内侧侧剪一刀，把胳膊粘在身体上。

12　取黑色黏土揉成一个圆球压扁。再取黑色黏土搓成一个小圆柱。将两个小部件粘在一起。做一顶小礼帽，给鹅车夫戴在头上。

全身洁白如雪的小白马

白马像雪一样白，它的头扁扁的，身体很长，四肢精干
而有力。这样它能够快速地奔跑。

  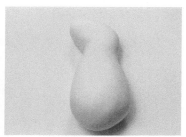

01 取白色黏土揉成胖水滴。将细的那端捏出马头的雏形。

02 将水滴胖的那头捏出马身体的形状。用棒针在身体腹部压一下，再用手捏出四条腿，把四条
腿慢慢捏长。

可爱的白马

给白马做出眼睛、耳朵和小马蹄，这时候看它像一只小
奶牛一样可爱。

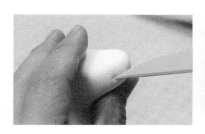 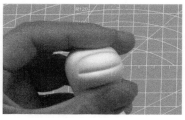

03 用黏土三件套中的压痕
刀在头部前端压出嘴巴。

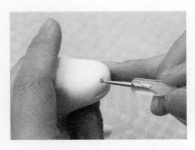  

04 用点压痕工具戳出鼻孔。揉两个黑色黏土小圆球做眼睛，再用白色黏土揉出小圆点做高光。

   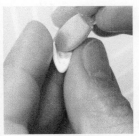

05 取白色黏土揉两个小水滴再压扁，用棒针在水滴中间压出个凹槽，做耳朵。用色粉把耳朵内侧涂上粉色。

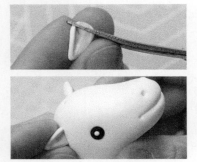 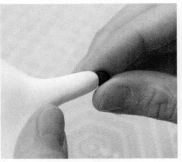 

06 用剪刀把耳朵粗的一端剪平，粘在马的头上。给白马粘上用黑色黏土揉成小圆球做的马蹄。

给白马套上红缰绳

给白马做一个漂亮的红缰绳，这样它就能拉着南瓜车跑起来啦。

 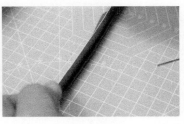

07 取红色亮粉黏土擀片切条，再用点压痕工具戳出花边。将切下花边宽度的长条，做缰绳。

08 把红色缰绳戴在白马的嘴巴上，再做一条围在脑袋上，多余的部分剪掉。

白马有金色毛发

白马有着金色的马鬃和马尾，在阳光下闪闪发光。注意马鬃和马尾都有一定的弯曲哦。毛发粗一点，尾部细一点。

09 取黄色黏土搓成细条，并将一端搓更细。多做一些用来做马头上的马鬃，一根根粘在马头上。

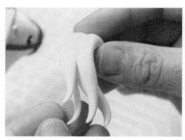

10 用同样的方法搓细条并将粗的那端粘在一起，做马尾，整个马尾粘在身体后部。

白马驾着南瓜车去舞会啦

白马驾着南瓜车带着灰姑娘去参加王子的舞会。从此，灰姑娘过上了幸福的生活。

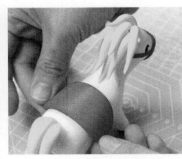

11 取红色黏土搓长条并压扁做个椭圆形片，把红色薄片粘在马背上做马鞍。

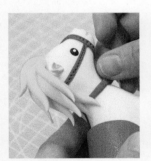

12 取红色黏土擀薄片切细条，将细条粘在马的脖子上一圈。将做个细条竖着粘，将多余的部分剪掉。

13 将马鞍用金色丙烯颜料涂上金边，再画上金色的花纹。

14 取蓝色亮粉黏土切成小小方片粘在马鞍上。再用长刀片在中间压出纹路。

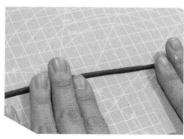  

15 取棕色黏土搓细条做一条缰绳。一端粘在嘴部缰绳处，绕过身体与另一侧嘴部缰绳相连。

16 把南瓜车、鹅车夫和白马组装到一起。一辆华丽的马车就完成了！

我们快快让灰姑娘去参加舞会吧！

 穿上水晶鞋的灰姑娘

灰姑娘穿上了仙女为她变来的漂亮的礼服和水晶鞋，一下子变成了一位美丽的公主。她坐着南瓜车去参加王子的舞会，吸引了所有人的目光。

黏土颜色

工具　棒针、压板、剪刀、丙烯颜料、画笔／刷子、波浪剪刀、铁丝、金色丙烯颜料、半球模具、色粉、黏土三件套、长刀片、擀杖

特殊工具　五星压花工具

灰姑娘的脸

灰姑娘长得十分漂亮，她是小圆脸，眼睛水汪汪的会说话。

01 取肤色黏土揉成圆球再稍稍压扁，在二分之一处压一道凹槽。

02 用食指和拇指挤出眼窝、鼻子和下巴。

03 再用棒针在脸底部偏后面压一个圆形凹洞。

04 黏土晾干之后，用铅笔起稿五官。

05 从瞳孔开始上色。先用橙色颜料浅浅地打底。

06 用棕色颜料慢慢加深眼瞳的颜色。

07 再用黑色颜料画出瞳孔。

08 用勾线笔蘸黑色颜料勾画上眼线和睫毛。

09 继续用黑色颜料勾画眼瞳的边线。

10 用白色颜料平涂一层眼白。

11 再用灰色颜料在上眼线下画上阴影。

12 用勾线笔蘸棕色颜料勾画眉毛。

13 用红色颜料平涂嘴巴。

14 调棕色颜料勾画嘴巴的边线。用白色颜料画出牙齿和眼球上的高光。用红色颜料画腮红。最后用眼影涂上眼影。

灰姑娘有漂亮的丸子头

灰姑娘有一头金色的浓密的头发，扎着一个小小的小丸子，上面还戴着一朵小花。

灰姑娘漂亮的丸子头一共要用到四种不同的发片，分别贴在头部不同的位置。所以在做的时候我们需要根据发片的不同位置，按顺序给灰姑娘贴上头发。

首先是要贴灰姑娘的头顶最里面的那一层头发，这层头发直接捏一个薄的圆片贴上去，然后用压痕刀刻出头发的纹路即可。

①处是头顶底部的头发。这部分的头发较长、较卷，要用手捏出波浪状。

②处的头发是头顶外面的那一层，这一层的头发较厚实。

③处是额前的小刘海。这部分的头发较细碎用手捏出小圆细条，然后捏成轻微的波浪状即可。

④处的是丸子发，这部分的头发是两股辫子捏成一团后形成的。上面还有一朵小花哦。

贴头顶

15 取黄色黏土揉成圆球，用拇指在圆球上压个凹槽。把黄色黏土包在脸后做后脑勺。

16 用黏土三件套中的压痕刀在头顶划出头发的划痕。

做耳朵

17 取肤色黏土揉个小圆球再压扁，对半剪开，做耳朵粘在脸的两侧。用点压痕工具压出耳朵中的纹理。

大卷发发片的制作：

取黄色黏土擀成片，要稍微有一点厚度，再用刀片切成条。

在长条上用长刀片背面压一些纹理。再把切好的条扭成卷发。

 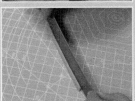 

贴头顶底部的头发

18 先从后脑勺底部粘第一层的卷发。

 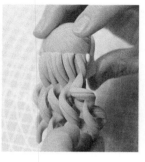  

19 在后脑勺中间部分粘第二层的卷发。

贴头顶的头发

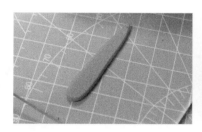  

20 取黄色黏土搓成条再压扁，用长刀片背面在薄片上划出头发纹理。最后用剪刀把薄片的两端剪成三角。

21 将刚才制作的发片粘到灰姑娘头顶，从中间到两侧把头发粘上。

贴刘海

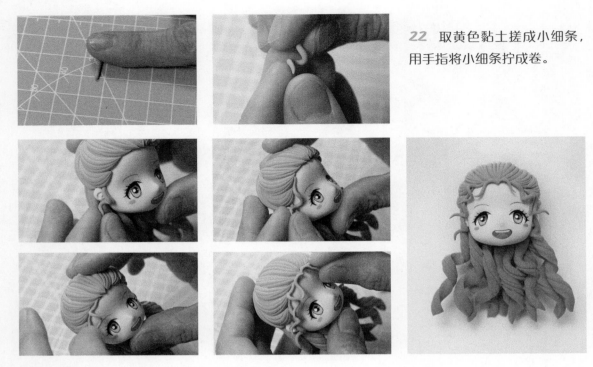

22 取黄色黏土搓成小细条，用手指将小细条拧成卷。

23 把卷发粘在头发前边，做出一点小碎发。

贴个丸子头

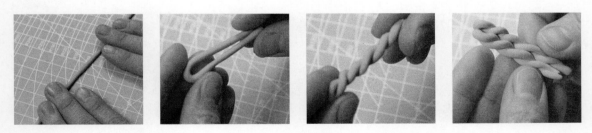

24 取黄色黏土搓成细条，对折，再拧成麻花状。用相同的方法做两条"麻花"并拼到一起做成辫子。

25 在辫子内侧放两条短细条，把做好的辫子卷起来做成个丸子发卷。

26 将丸子发卷粘在头顶，再用压痕刀把边缘调整一下，压紧一点。

  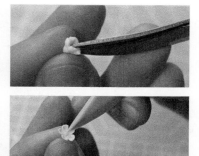 

27 做一朵小花，把做好的小花粘在头上装饰丸子头。（做花方法见第 26 页）

做双美腿站起来

灰姑娘的腰细细的，她的腿匀称修长。

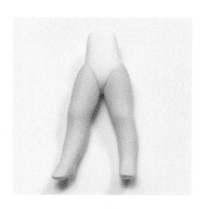

 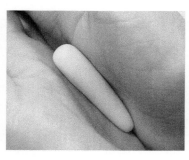 

28 取肤色黏土揉成圆球，再搓成长条。长条上粗下细是腿的基础形。

 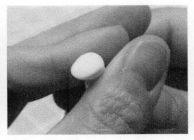 

29 　从细端开始捏出脚丫的形状，再将脚踝搓细；用拇指和食指捏出脚后跟和脚窝。

30 　用食指与拇指捏住膝盖两侧，定出膝盖的位置。调整方向用食指与拇指前后捏住膝盖，食指向上推拇指向下推，推出膝盖。用手滚动黏土调整一下腿形，把腿捏光滑。

捏腿的注意事项

捏腿时要注意两条腿长度一样，粗细一样，弯曲程度一样，膝盖的位置要一致，脚的大小也要一样大。做完之后要将两条腿比较一下，避免出现两条腿不一样的情况。

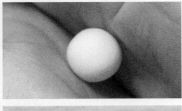  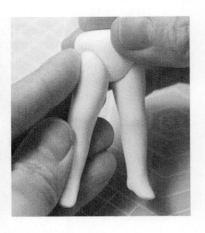

31 　取白色黏土做成三角。用剪刀把做好的大腿内侧剪一刀，将做好的腿和三角粘到一起。

   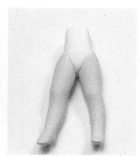

32 将三角部分上端的白色黏土慢慢捏起来，捏出小屁屁。

灰姑娘有了黄色小礼服

仙女为灰姑娘变出漂亮的礼服和水晶鞋，快来看看礼服
长什么样的吧。

33 取黄色黏土擀成片，用波浪剪刀剪出一个带花边的圆。用长刀片把圆切掉一块。

 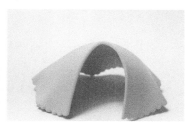

34 拿一个半球磨具，把裙子
罩在上边定好形状。

35 取白色黏土擀成片并剪出一个扇形，大小和刚才黄色圆片切掉的大小差不多，同样用半球磨
具定形。

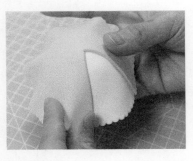 

36 将白色薄片和黄色薄片粘到一起，做成裙子。

 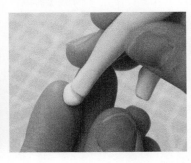 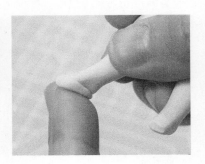

37 用剪刀把脚掌前边剪平。取浅蓝色黏土压成小扁块粘在脚底做鞋子。

  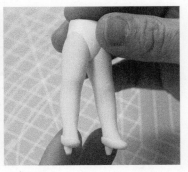

38 将浅蓝色黏土向上包住脚掌，包好之后调整边缘使其平滑。在后跟处粘上一小块浅蓝色黏土做鞋跟，并用剪刀剪出鞋跟，调整整齐。

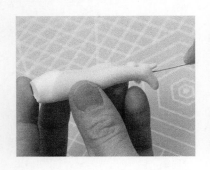  

39 在腿里穿上铁丝，把做好的裙子翻向内侧，将腿粘在裙子内侧中心。

40 取白色黏土擀成薄片，将其用波浪剪刀剪出一个花边，另一边用长刀片切整齐。把剪好的花边粘在裙子黄色与白色的衔接处做装饰。将多余的部分剪掉。

41 裙子下围也粘一圈花边。

穿上礼服跳起舞

灰姑娘穿上礼服显得整个人高挑、纤瘦，她开始翩然起舞。

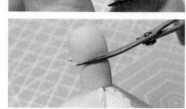

42 取黄色黏土搓个小圆柱，用剪刀把一端剪平，粘在裙子上做身体。把身体的上端也剪平。

43 取肤色黏土揉成水滴，在尖端捏出脖子，再用食指调整出肩膀。

44 用剪刀在肩膀靠内剪出手臂，调整好形状，再把身体下端剪平。

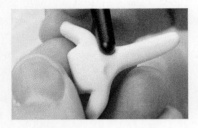  

45 用棒针圆头压出锁骨。脖子太长的话剪短一点。

46 把做好的脖颈肩粘到身体上端。

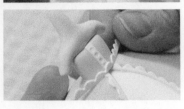 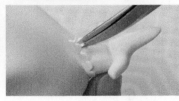

47 取白色黏土切一块方形薄片粘在衣服前面，再用点压痕工具压出凹槽。在腰间也装饰上白色花边。

做对手臂吧

灰姑娘的礼服是一件露肩的黄色一字裙，可以露出她漂亮的脖颈。

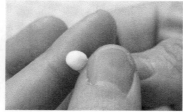

48 取白色黏土搓成条，捏出手掌，并将手掌压扁。

49 用剪刀剪出手指，调整好手指的形状并将手指抹平滑。再用压痕刀压出手肘，调整胳膊的形状。

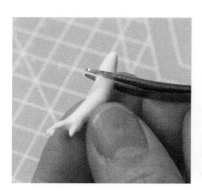
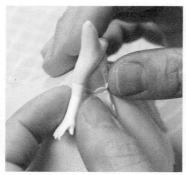

50 用剪刀把手臂多余的长度剪掉，将双手粘在肩膀上。

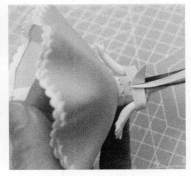

51 取黄色黏土擀成片再切条，把长条围在肩部一圈，将多余的长度用剪刀剪掉。

礼服上有蝴蝶结

黄色的礼服上还有许多漂亮的蝴蝶结，其中后背上
有一个大大的蝴蝶结，显得灰姑娘更加可爱、动人。

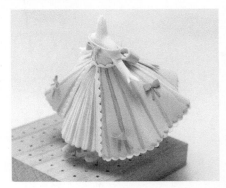

蝴蝶结的做法有很多种，在这里教大家两种简单易操作的做法。灰姑娘的礼服中要做一个大
蝴蝶结和几个小蝴蝶结。

第一种蝴蝶结的做法

01 取粉色黏土擀成薄片再把边切整齐，用剪刀把粉色方形薄片剪出图中的形状，再把两端对折到中间。

02 中间围一条细条，再粘两条丝带，做出蝴蝶结。

第二种蝴蝶结的做法

01 取粉色黏土搓成两头尖尖的梭形，用压板将梭形压扁。

02 把压扁的梭形对折，把两个对折后的梭形尖端粘到一起。再用粉色黏土擀成薄片，切出细条，围在蝴蝶结中间。

03 再将两条细条粘在蝴蝶结背面做丝带。把丝带剪出三角切口。

贴蝴蝶结

52 把做好的蝴蝶结粘在礼服上，最大的蝴蝶结粘到后腰位置。

53 用丙烯颜料在裙子前边白色部分画上粉色和黄色的细条。

54 在黄色裙子上也画上线条。

灰姑娘去参加舞会啦

灰姑娘穿着华丽的礼服去参加王子的舞会，她看起来是如
此高雅、漂亮，美丽动人。王子看到她，很快向她走来，
伸出手挽着她，请她跳舞。他再也不和其他姑娘跳舞了，
他的手始终不肯放开她。

后来，王子和灰姑娘过上了幸福的生活。

55 取红色黏土擀成片，再将边切整齐，做成一个红色的地毯。用勾线笔蘸金色丙烯颜料在地毯上画出花纹，在每个格子里点上金点。

56 把头和身体用铁丝连接到一起。把灰姑娘插在红色地毯上，就完成啦！